アインシュタインの宿題

福江　純

知恵の森文庫

光文社

はじめに

「主なる神は老獪《ろうかい》だが、意地悪じゃない。」（＊1）
「世界が理解可能だという事実は、ひとつの奇跡だ。」（＊1）

アルバート・アインシュタインは、一八七九年三月十四日、ドイツ南部のウルムに生を受け、一九五五年四月十八日、アメリカ東部のプリンストンの病院で永遠の眠りについた。享年七十六歳。

アインシュタインは自然界の成り立ちや仕組みについて絶えず素朴な疑問を発し、いくつかの根本的な問題を解決し、そして多くの宿題を残した。人間界についても心を悩まし、やはり宿題を残した。

冒頭でいきなりご紹介したように、アインシュタインは多くの名言を残しているが、それらの言葉からは、彼の世界に対する考え方や、研究の基本姿勢がにじみ出ている。そこで、本書では、アインシュタインの残した言葉をタイトルモチーフとして引用しながら、それを手がかりとして彼の研究や考えを紹介してみようと思っている。

世の中にアインシュタイン本や相対論の本は山ほど出版されているし、最近では図解に重点を置いた本やビジュアル的な解説本も少なくない。ところが、大部分の啓蒙書では、相対論の世界でどんな現象が起こるかについては説明してあるのだが、どうしてそんなことが起こるかということにはあまり触れていない。だもんで、痒《かゆ》いところに手が届かない状態になっているようだ。

一方で、相対論をきちんと勉強するための教科書も数多く出版されている。だから、相対論の仕組みなどをきちんと知りたければ、それらの教科書を勉強すればいいのかも知れないが、これがなかなか大変だ。相対論の教科書は数式の嵐なので、理学部の学生ならともかく、一般的には、まず敬遠されて当たり前なのだ。

しかし、相対論や量子論の本質は、複雑な数式にあるのではなく、常識的な考え方の変革にある。だから、基本的な部分の（全部とは言わないまでも）いくつかは、ごく基礎的・初等的に説明できるし、考え方さえ変えれば、理解もできるモノのはず、なのだ。

そこで、本書では、それらの間のギャップを埋めようと試みたのだが、せめて痒いところに手が届くマゴノテぐらいになっていれば幸いである。

ちなみに「神は老獪だが、悪意はない。」と訳されることも多い冒頭の言葉だが、ここでアインシュタインがいう神とは、（人間が自らに似せて作り出した）宗教的な神ではなく、自然の法則を司る理知的な神である。アインシュタイン自身が行った説明によると、この言葉の意味するところは、自然が自らの秘密を隠すのはあくまでも自然の本質的な高貴さによるものであって、策略（意地悪）によるものではない、ということだと伝えられている。

アインシュタインの宿題●目次

subject 3

エレベータの内と外　等価原理という考え方

subject 8 曲がった空間……155

時空のカタチ

本文イラスト・図版／モリナガ・ヨウ

「熱いストーブに1分間手を載せてみてください。
まるで1時間ぐらいに感じられるでしょう。
ところが、かわいい女の子といっしょに1時間座っていても、
1分間ぐらいにしか感じられません。
それが、相対性というものです。」（＊2）

subject 1

あなたの時間、わたしの時間——相対性とはどういうことか

時間は相対的だ
好きな子との1分は短いけど
わー
ストーブの上の1分は1時間に感じる
そうつまんない授業は長ーーく感じる
時計が進まない…
ゲームなんかやっているとあっという間に時間がたつ
朝だ…

今作ってまーす
ほかにも…
まだかなあ
立場かえればこりゃ長い
ラブラブ
帰ろうよ
けっこうがんばった
見てるこっちは一瞬でした
…では つまんないビデオを早まわしで見ると…
キュルキュル
楽しい時間になる……
ならないなあ

あなたの時間とわたしの時間

教科書を棒読みするだけの退屈な授業や、どーでもいいコトをうだうだ〝議論〟するしょーもない会議は、たった1時間でもすごく長く感じるものだ。居眠りをする特技のある人はまだいいが、（ぼくのように）居眠りのできない人間にとっては1秒1秒が苦痛の連続である。はるかな未来に、人間が永遠の生命を得て不老不死になったとして、最後の最後に人間を殺すのは〝退屈〟だ、と言われているぐらいなのだ。

一方で、恋人と一緒だったり、めったやたらに面白い映画を見ていたり、ゲームに熱中していたり、気持ちいいコトをしているときは、ほんとにあっという間に時間が経《た》ってしまう。これも誰ひとり反対しない、永遠の真理だと思う。

アインシュタインの言葉は、このような**主観的な時間の**「**相対性**」を端的に表しており、物理的にはともかく、誰にでも納得できる実にわかりやすい表現である。実際、一九二二年にアインシュタインが来日した当時も、右の意味での「相対性」が、巷の男女の間で語られたそうだ。

このような主観時間の感覚を決めるのは、やっぱりドーパミンとかセロトニンとか、神経伝達物質の量や反応の仕方なんだろうか。えっと、快楽物質ドーパミンが、A-10神経を刺激して、脳内覚醒物質ノルアドレナリンとか興奮や恐怖を引き起こすアドレナリンとかを分泌させるんだったっけ。

さらに、子供のときの時間の進み方を思い出してみると、大人になってからの時間の進み方とは違っていたことに気づくだろう。子供のときは1年がとても長かったものだが、大人になってからは驚くほど短くなった感じがする。それも歳《とし》を取るほどどんどん短くなる。これも万人が認めるところだろう。こっちは確か、心臓の心拍数などと関係していたはずだ。同じ理由で、生物種固有の時間もあるという。

このような**主観時間**や**生物時間**に対し、**客観時間**は、何らかの時計を使って物理的に測定できるものだ。時計といっても、腕時計や原子時計まで持ち出す必要はない。規則正しく変化しているモノならなんでも構わないのだ。古来から、ぼくたち人間は、地球の自転に伴う昼夜の変化の1周期を1日としてきたし、地球の公転に伴う季節の変化のひと巡りを1年と数えてきた。仏教では、宇宙の生成消滅を一劫《こう》とする考えもある。

また周期には少しくらい乱れがあっても、客観時間を大まかに知るくらいのことはできる。たとえば暗闇で時間を計るのに、脈拍を使うことはよく知られている。人間の脈拍は、個人差もあるが、大人が平静にしているときはだいたい1分間に60回ぐらいなので、脈拍を数えていけば経過した時間がおおよそわかるわけだ。恋人と過ごす1時間も、退屈な会議の1時間も、脈拍を数えれば、おそらく同じくらいだろう。

冒頭のアインシュタインの言葉は、ひとことで言えば、

あなたの時間とわたしの時間は違いますよ。また置かれている環境や状況によっても時間は異なりますよ。

ということなのだ。しかも、ここでは主観的・生物的な例を引き合いに出してはいるが、実は、物理的にもそういうことが起こる、というのである。もちろん別に腕時計が狂っているというわけではないのに……である。

永久不変な空間から柔らかく変化する空間へ

　十九世紀までは、少なくともアインシュタインがあれこれ言い出す前までは、物理世界は今よりずっとシンプルなものだったと思う。そこは200年以上にもわたって、アイザック・ニュートンが構築した古典力学の支配する世界だったのだ。

　ニュートンは時間と空間を以下のように捉《とら》えた。まず世の中には人や石ころから星にいたるまで、さまざまな物質・物体が存在し、いろいろな運動（や相互作用）を行っている。そこで、それらが存在したり運動したりする入れ物として、無限に広がった空間が厳然として存在する。そして**物体は空間の中で運動や変化をするが、空間自体はまったく変化せず永久不変に存在している**、というのがニュートンの考え方の基本だ。これを「**絶対空間**」という。

　では、その上で、さらに次のような場面を想像してみて欲しい。もしまわりに比較するものが何もない宇宙空間で、2隻の宇宙船がお互いに静止してみえるとき、それらが本当に〝静止して〟いるのか、それともまったく同じ速度で同じ方向に飛んでいるのかを知る手だてはあるだろうか？　あるいは、お互いに（相手が）運動してみえるとき、どちらか片方が静止していて相手が動いているのか、それとも両方とも動いているのか、そのことを知る手だてはあるだろうか？

この疑問に対し、ニュートンは、物体の運動を知る基準を宇宙空間そのものに求めようと考えた。つまり、絶対的に静止した座標系「**絶対静止系**」として、絶対空間を定めたのである。ここまではいいだろうか？

一方、アインシュタインの考え方は違った。彼は、ニュートンの絶対空間を否定し、**静止しているとか動いてみえるとかという、お互いの運動状態のような関係そのものが重要**だと考えた。これが（運動の）「**相対性**」の基本的な立場である。

つまり、ニュートンは、最初に入れ物としての空間が先にありきで、その入れ物の中で、物質が存在したり物体が運動したりすると考えた。アインシュタインは、むしろ逆に、物質や物体が存在するから、入れ物としての空間にも意味が生じる、という立場なのだ。実際、アインシュタインは、後の一般相対論ではそのような立場を押し進め、**物質の存在によって空間が曲がる**という考えにまで行き着くのである。

誰もが自分の時間の河をもっている

ニュートンは時間に対しても、絶対空間と同じような立場で考えた。

すなわち、ニュートンは、**時間というものは、過去から未来に一様に流れ、かつ宇宙のどこでもまったく同じ時間になっている**と考えたのだ。これを「絶対時間」という。

時間というものは、よく過去（上流）から未来（下流）へ流れる河にたとえられる。その例で言えば、ニュートンの絶対時間とは、河の流れが上流でも下流でもどこでも一定で、しかも宇宙に存在するあらゆる事物や生命が同じ河に住んでいる、というふうに捉えることができるだろう。

しかし、河は細くなったり太くなったりすることもあるし、流れの速さも一定ではないし、いくつもの河もあるだろう。実際、アインシュタインが主張したのは、**誰もが自分の時間の河をもっている**ということなのだ。そして時間の河の流れ方は速くなったり遅くなったりするし、昨日と今日とで時間の流れ方が違うこともあるかもしれない。空間と同じく、時間の流れ方も、決して固定したモノではないと、彼は考えたのである。

新しい時空のルールとダイナミックな世界観

ニュートン力学が支配していた時代には、以上のような、絶対時間と絶対空間のもとで、ニュートン力学はあらゆる時間あらゆる空間で普遍的に成り立つことが保証されていたのである。そして実際、二百年もの間、ニュートン力学がきわめて高い精度で成立していることは、あらゆる観測や実験から確かめられてきたのだ。それも、アインシュタインが現れる前までだったが。

ニュートン力学の絶対空間と絶対時間という不変の枠組みに支えられた世界観と比べると、あらゆる関係が相対的であるというアインシュタインの考え方は、それまでの足場が取っ払われてしまったような何となく不安な感じがするかもしれない。でも考えてみれば、身近な例で言えば、ぼくたちのまわりの人間関係なんかは、まさに「相対的」なものではなかろうか。よく、敵の敵は味方とか、昨日の敵は今日の友などと言うではないか。そしてぼくたちを取り巻く人間関係が、関係の変化によってダイナミックに変わっていくのと同じように、時空や運動もまた相対的なものであると捉えることで、時空のルールはより美しくシンプルになり、その一方、ダイナミックな世界観が生まれてくるのである。

アインシュタインは多くの宿題を残した。それらを解いていくことで、ぼくたちの目にみえてくるのは、そう、「相対的」でかつ動的な、驚きに満ちた世界なのである。

「もしも光速度で光の波を追いかけたなら、
私の眼の前には時間とは独立な
〝絶対静止の〟波動場があるのであろうか。」（＊3）

subject 2

光と一緒に走る——光速度不変という原理について

光ってなんだろう？
あんた作ったんだろう？
光あれ！
そこまで考えてないよ
聞くところによれば光はツブツブらしい
粒子
ピカー
ダブンダブン
わしは波だと聞いてるぞ

オーロラか
夜光ボールみたいな？
ピカ
光ってから音が
とてつもなく速いことは確かだッ
ゴロゴロゴロ……
よしっ！光をおいこして正体を見きわめよう
きたえるぞ
大丈夫かなあ…

光の速さは有限か？　無限か？

アインシュタインの大きな宿題のひとつが、「特殊相対論」、すなわち、光速に近い世界で何が起こるか、という考察である。あまりにも当たり前すぎて、ぼくたちが常日頃その存在を意識していない「光」も、アインシュタインにとっては、自然を解き明かす重要な手がかりだったのだ。

そもそも、光とはいったい何だろう。

光の神アフラマズダと闇の神アーリマン、光の天使ルシフェルと闇の悪魔サタン。闇を照らすのは一条の光であり、そしてまた、光を浮き彫りにするのは漆黒の闇である。古来より、光と闇は、物質世界と人間世界の両面を表してもきた。

誰もがみんな知っている光だが、その正体は誰も知らない（まさに月光仮面みたいなもんだ）。実際、何世紀もの間、光は粒子の一種だという説と、光は波動の一種だという説が対立していたのである。そしてまた、光の正体と関連して永らく議論の的であったのが、光の速さが有限なのか無限なのかという問題だ。

光の速さはあまりに速いため、光速度を測定することは非常に難しい。そのため、ずいぶん長い間、光速は無限大であるという（光の）瞬間伝播《でんぱ》説の方が多数派だったが、やがて光速が有限であることが証明される日が訪れたのである。

まずは、アインシュタイン以前における、光に関する研究の歴史を紐解いてみよう。

光速度を測定する方法その1――「食」のずれによる方法

哲学的な思索の時代を過ぎ、何人もの研究者が光速度を実測しようと試みたが、実際に光速度が有限であることを発見したのは、デンマークの天文学者、オーレ・レーマーである。一六七五年のことだった。

レーマーは、木星の衛星イオの食という、天文学的な現象をうまく利用して、光速度の有限性を示したのである。

木星のまわりには今日でこそ多数の衛星が見つかっているが、当時は、ガリレオによって発見された4大衛星――イオ、エウロパ、カリスト、ガニメデが知られていた。木星の公転面も4大衛星の公転面も、ほぼ地球の公転面と同じ平面にあるために、衛星が木星のまわりを回るにつれ、木星の背後に隠れてみえなくなる現象、つまり「食」を起こす（日食や月食のアレである）。たとえば、イオの公転周期は42・5時間なので、食も同じ周期で起こる（図2－1）。

ところが観測の精度が上がるにつれ、食の始まりの時刻にずれが生じることがわかってきた。しかもそのずれは、太陽のまわりを公転している地球の位置によって異なるのだ（図2－2）。たとえば、Bの位置での食を基準にして考えると、地球が木星にもっとも近いAの位置では、（Bの位置より）食は11分早く始まり、地球が木星からもっとも遠いCの位置では、（Bの位置より）食は11分遅れて始まっていた。

当時パリ天文台にいたレーマーは、精密な観測によってこのずれの時間を確かめ、**ずれが生じる原因は光速度が有限であるためだ**と（正しく）推測したのである。すなわち、イオが食を起こしたという情報は光が伝えるので光速で伝わるわけだが、光速度が無限大なら、AでもBでもどの位置でも、その情報は瞬時に伝わることになる。だから食の開始時刻のずれは生じないはずである。しかし光速度が有限だったら、Aの位置では、Bの位置より地球は1天文単位だけ木星に近いために、1天文単位を光が横切るのに要する時間だ

・図2-1「食」のずれは光速度が有限だからこそ生じる

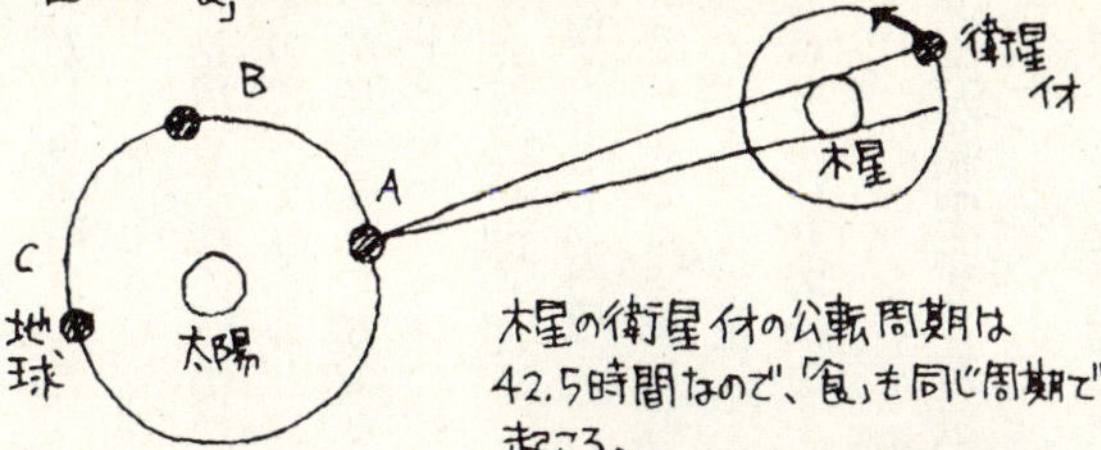

木星の衛星イオの公転周期は42.5時間なので、「食」も同じ周期で起こる。
しかし、「食」の始まりの時刻は太陽のまわりを公転する地球の位置によって異なることがわかってきたのだ。

・図2-2 地球の位置によるイオの「食」のずれ

図2-1でBの位置を基準にすると、Aの位置では「食」は11分早く始まり、Cの位置では、11分遅れて始まる。

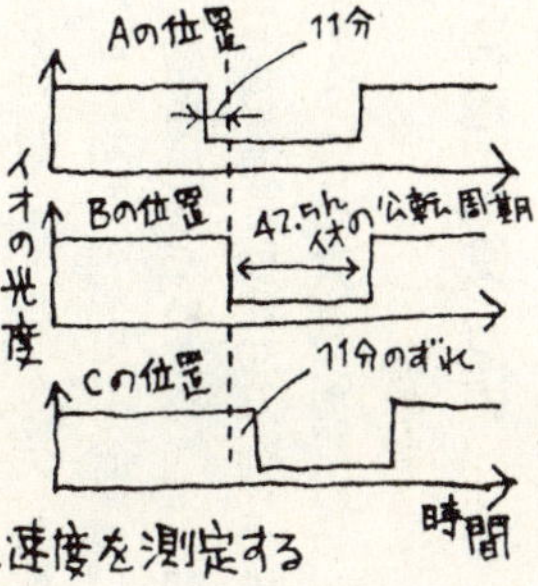

・図2-3「光行差」から光速度を測定する

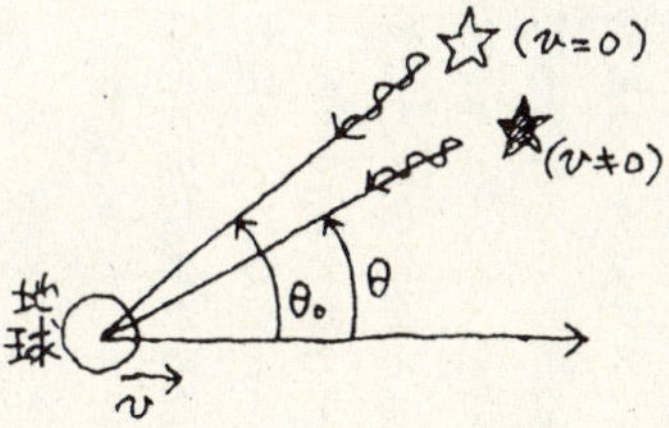

天体から発した光のベクトルが観測者のいる地球の運動ベクトルの分だけ傾いて見える。

け早く届くことになる。逆に、Cの位置では（1天文単位だけ遠いために）、遅れて届く。それが11分の時間差だ、ということである。

……というような話は、実は科学史の本をちょっと探せばどこにでも書いてある。また、当時見積もられていた地球軌道の大きさは、現在知られている正しい値より少し小さめだったので、それをもとに計算された光速度も秒速21万kmと少し小さめに出たということも、しっかり書いてある（ちなみに、光速度を具体的に計算したのは、レーマーではなくクリスチャン・ホイヘンスだそうだ）。だから、現在知られている地球軌道の大きさを使えば秒速30万kmが得られる、とも書いてあるのだが……。うん!? ならないぞ。1天文単位（1億5000万km）を11分で割っても、秒速30万kmが出てこない。科学史の人って電卓叩かないのかな? 実際には、20年来ぼくが愛用しているシャープ関数電卓ピタゴラスによると、1天文単位（1億5000万km）を光速（秒速30万km）で横切るには、500秒、すなわち（11分ではなくて）8・3分かかることになる。ま、いっか。

光速度を測定する方法その2――「光行差」による方法

さて、さらに一七二八年には、イギリスの天文学者ジェームズ・ブラッドリーが、「光行差」という現象を用いて、以下のような方法で光速度を求めている。

地球は太陽のまわりを公転運動しているが、1天文単位の半径の円を1年で1周するので、その公転速度は秒速30㎞になる。ある方向に見える星を観測したとき（ブラッドリーはりゅう座γ（ガンマ）星を観測した）、光速が無限大なら、星のみえる方向は、地球の公転運動に伴う観測者の運動によらずに、つねに同じ方向にみえる。しかし、**もし光速が有限なら、星のみえる方向は、観測者の運動ベクトルの分だけずれて、（本来の方向より）地球の運動方向前方に少し移動してみえるはずだ**（図2-3）。これは、雨の中を傘をさして歩いているときに、立ち止まっていれば雨が真上から降っている場合でも、歩いたり走ったりすれば、雨が斜め前から降ってくるようにみえるのと同じ理屈である。

このような、観測者（地球）が運動しているために、星などが進行方向前方に移動してみえる現象のことを**「光行差」**と呼ぶ。とくに地球の運動による光行差では、地球が1年の周期で円運動をしているために、星のみえる方向も円を描いて変わっていく（正確には、地球の公転面に垂直な方向は円になるが、それ以外は楕円になる）。そこで、この光行差は、とくに**「年周光行差」**と呼ばれる。

地球の公転運動の速度（秒速30㎞）は、光速の1万分の1しかないので、光行差による角度のずれ（光行差角）も非常に小さい。具体的には20秒角ぐらいしかない（1秒角というのは、1度の60分の1のさらに60分の1という非常に小さい角度である)。しかし、その微小な光行差角を測定することができれば(そしてブラッドリーは実際に測定したのだが)、地球の公転速度と併せて、光速度を導くことができるというわけだ。ちなみに、ブラッドリーが求めた値は、今日のものにたいへん近い。

ところでブラッドリーが発見した年周光行差は、実は、地球が太陽のまわりを公転しているという、いわば地動説の決定的な証拠でもあったのだ。あらゆる運動は相対的なのである。

天体現象によらずに実験的に初めて光速度を求めたのは、アルマンド・フィゾーである(一八四九年)。フィゾーは、光源の前に置いた回転歯車と遠方に置いた鏡の組み合わせを使って、光が鏡に反射して戻ってくるまでの所要時間を測定した。また一八五〇年には、レオン・フーコーも回転鏡を使って光速度を測定している。

このようにして、十七世紀から十九世紀にかけて、いくつかの方法で光速度が有限であることが実証されたのだが、それでも光速度が非常に速い速度であることには変わりない。そこで光速度のことを、速さを意味するラテン語のケレリタス(celeritas)の頭文字を使って、cで表すことになった。ときどき大文字のCで表してある本をみかけるが、あれは間違いで、かならず小文字のcで表す。何故かと言われても、まぁ、ZARDを大文字でなく小文字でzardと書いたらファンは怒るだろう。そういうお約束なのである。

光の正体——粒子説VS波動説を超えて

では次は、〝光とは何なのか〟という話だ。

光の正体については、レーマーが光速度の有限性を証明した十七世紀には、かたやニュートンの粒子説と、かたやホイヘンスの波動説が対立していた。光が直進したり反射したりする性質を示すことから、ニュートンは光の粒子説を強く主張したし、それに対して、光をぶつけ合っても衝突しないことを論拠にして、ホイヘンスは波動説を唱えていたのだ。

その後、長い議論のときを経て、時代は十九世紀に入る。そして、トーマス・ヤングによる光の干渉実験やオーギュスタン・フレネルによる光の回折の実験などが行われ、それらの結果から、光の波動説が優勢になってきた。そしてついに、一八六五年、ジェームズ・クラーク・マクスウェルが、ファラデーの法則やアンペアの法則や、**それまでばらばらだった電気や磁気の法則を統合し、電磁気学を完成させ、それをもとに光の正体に迫ったのである。**

マクスウェルの電磁気学では、電場や磁場の性質はたった4本の（ベクトル）方程式にまとめられている。マクスウェル方程式を言葉で表すと、以下のようになる。

（1）電荷のまわりには、他の電荷に影響を与える力の場（電場）が存在する。
（2）（単独の磁荷は存在しないが）磁極の間には磁気の場（磁場）が存在する。
（3）電荷が移動して電流が流れると、そのまわりに磁場が生まれる（アンペアの法則）。
（4）磁場が変化すると電流が生じる（ファラデーの電磁誘導の法則）。

つまり、何のことはない、小学校や中学校時代にやった、磁石や電磁石の性質を数式に表しただけなのである。

さて、マクスウェルの完成した電磁気学は、それ以前には予想もされなかった新しい結論をいろいろもたらしたのだが、その最たるものが、「電磁波」だろう。すなわち、物質も電荷も何もない状態で、電場と磁場を少しだけ揺るがせると、電場や磁場の微小な揺らぎが波動となって伝わることがわかったのだ。これこそが**電場と磁場の波——電磁波**なのである。

しかも、驚くべきことに、マクスウェル方程式から導いた電磁波の伝わる速度は、当時知られていた光の速度に一致したのだ。そこでマクスウェルは、**電磁波こそが光の正体だ**

・図2-4 電磁波のスペクトル

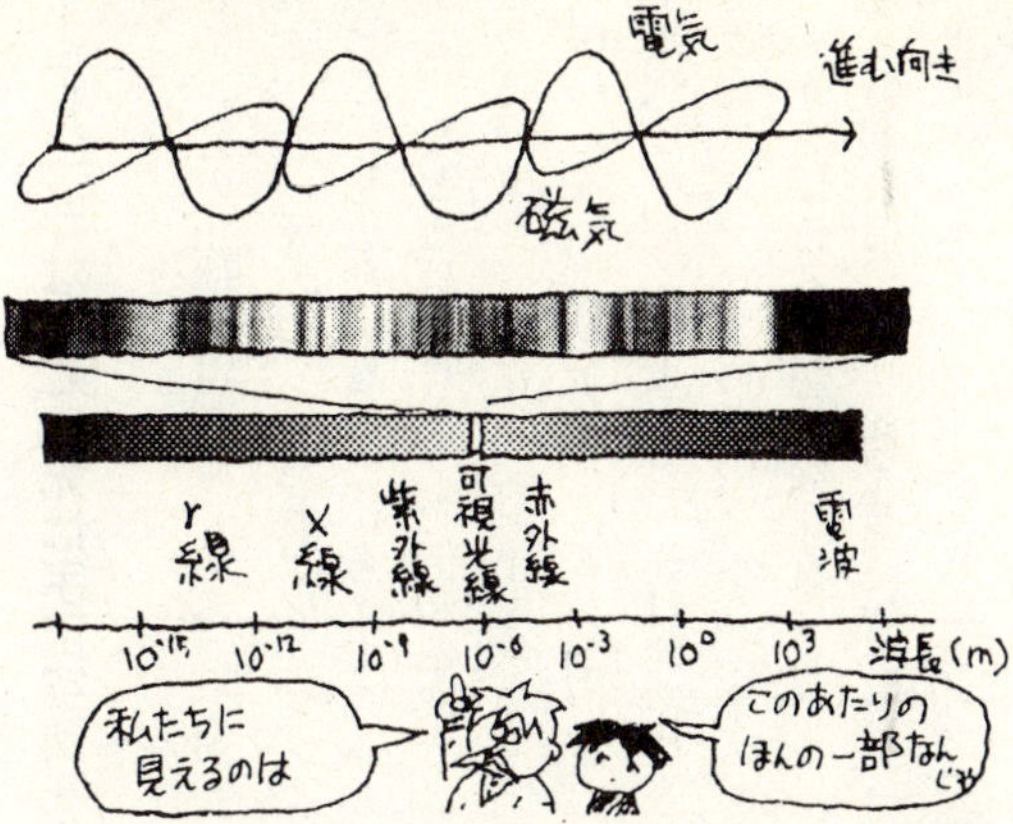
電気
進む向き
磁気
γ線
X線
紫外線
可視光線
赤外線
電波
10^{-15}
10^{-12}
10^{-9}
10^{-6}
10^{-3}
10^{0}
10^{3}
波長(m)
私たちに見えるのは
このあたりのほんの一部なんじゃ

と断定した。そして、マクスウェルの解釈はまったく正しかったのである。

今日では、電波から赤外線、可視光線、紫外線、X線、γ線まで、さまざまな波長の電磁波があることがわかっていて、これらを電磁波の「スペクトル」と呼んでいる（図2－4）。いろいろな電磁波は、波長（あるいは振動数）が異なるだけで、どの電磁波も、その伝わる速度（＝波長×振動数）は光速に等しいのである。

また、われわれが目にする光（可視光）は、電磁波スペクトルの中の、波長が380ナノメートルから770ナノメートル（振動数では$3・9 \times 10^{14}$Hzから$7・9 \times 10^{14}$Hz）という、ごく一部だということもわかっている。そんなごく一部の帯域の中でさえ、光はさまざまな色を帯びた「光のスペクトル」に分けられるのだ。

「エーテル」がなくても光は宇宙空間を伝わる

さて、光の正体が電磁波であることがわかったところで、もうひとつ重要なことが明らかになった。それは、光を伝えるモノと想像されていた「エーテル」に関する真相である。

ふつう、身近な例をもとに考えてみると、波が伝わるときには、波を伝える媒質が必要である。たとえば、ロープを伝わる波では媒質はロープそのものだし、海の波では水が媒質になる。また音波は、空気中も水中も固体の中も伝わるが、媒質の存在していない真空中は伝わらない。しかし、はるかかなたの星から発せられた光は、真空の宇宙空間を伝わって地球まで届くのだから、光は真空中を伝わることができることになる。では、光を伝える媒質はいったい何なのだろうか?

この光を伝える仮想的な媒質は当時「エーテル」と呼ばれていた。ちなみに、「エーテル」というのは、ギリシャの自然哲学で、地上のものを作っていると考えられていた空気・土・火・水という4大元素に対し、天界を満たしていると考えられていた5番目の元素につけられていた名前である。

十九世紀末、このエーテルの存在と性質は議論の的であった。たとえば、宇宙空間をエーテルが満たしているのなら、エーテルに対して地球は運動していることになる。そして光がエーテルの中を伝わる波だとすれば、地球の運動する方向に光が伝わるときと、反対方向に伝わるときとでは、光の速さが違ってみえるはずである。そう考えたアルバート・マイケルソンはエドワード・モーレイと精密な実験を繰り返し、光の速さが伝わる方向によって違うことを証明しようと試みたが、ついにその違いを見つけることができなかった（一八八七年頃まで）。これが有名な、マイケルソン゠モーレイの実験である。

ところがマクスウェルの発見した電磁波——光——の場合は、そもそも電磁波を伝える媒質が不要なのである。すなわち、電磁波が伝わるときには、電場の変化が磁場を生み、生まれた磁場の変化がさらなる電場を生む、という具合に、電場と磁場が交替ごうたいに相手を生成していくのだ。言ってみれば、電磁波が、自分で自分を編み上げながら進んでいくのである。**つまり電磁波——光——は、媒質の存在しない真空中でも伝播することができるのだ。**

こうして、長年その存在が疑問視されながらも、あるかもしれないと思われていた光を伝える媒質「エーテル」は、マクスウェルの電磁波理論によって完全に不要なものとなった。

特殊相対論誕生の前夜のことである。

「光速度不変の原理」を思考実験する

秒速30万kmという有限の速度で、媒質のない真空中を伝わる電磁波――光。では、この光速度cというのは何か特別な速度なのだろうか？

アインシュタインは考えた。

もし飛んでいく光の矢を、光速で追いかけたら、光の矢はどうみえるのだろうか？　と。

これが冒頭の言葉だ。ちなみにこれは、アインシュタイン十六歳のときのことだそうだ。

……やっぱ、ここが天才と凡人の違うところだ。ふつう考えんよな、そんなこと。そりゃ、ぼくだって、スポーツが万能だったらとか、スーパーマンみたいに空を飛べたら、なんてことならよく考えたけど（そりゃ、ただの妄想だ）。ま、でも、夢想も捨てたもんじゃない（現実とごっちゃにならん限りは）。とにかく、この光の矢に関する弱冠十六歳のアインシュタインの夢想というか思考実験こそが、10年の時を経て、特殊相対論の土台になっていくのである。

まずは身近な例に置きかえて考えてみよう。高速道路で時速100kmで疾走している車を同じ速度で追いかけたとしたら、まわりの景色は飛び去っていくようにみえるが、相手の車はほぼ静止しているようにみえるだろう。このような日常の感覚と同じように、光を光速で追いかけたとしたら、光も止まってみえるのだろうか？　光を光速で追いかけたとしたら、光線は、まるで同じ速度で走る車を横から同速度で眺めるように、空間の中に静止した「振動する電磁場」としてみえるのだろうか？　否!!　アインシュタインの直感は否定した。経験的にも、マクスウェルの電磁場方程式から考えても、そんなことはあり得ないはずだ。

ではどうみえるのか？　光は、誰からみても光、光速で走る光でなければならない。アインシュタインはそう考えた。そういう意味で、光速度cはある絶対的な基準なのである。アインシュタインがたどり着いた答え……それは、〝**光は誰からみても光速で進む、どんなスピードで運動している観測者が測っても、光の速さはつねに光速度cになる**〟という原理である。そしてこれこそが、特殊相対論のひとつの柱である「**光速度不変の原理**」なのである。

アインシュタインが一九〇五年に特殊相対論を着想したときには、十九世紀末のマイケルソン－モーレイの実験は知らなかったということだが、この光速度不変の原理こそ、マイケルソン－モーレイの実験を明快に説明するものであった。

なお、特殊相対論のもうひとつの柱は、「特殊相対性原理」である。こちらは、じっと**静止している人にとっても、動いている人にとっても、自然の法則は同じように成り立つ**という考え方だ（動いているといっても、特殊相対性原理では、正確には、等速直線運動に限るが）。こちらの特殊相対性原理は、すなわち自然の法則は誰に対しても同じように成り立つという、ガリレオ以来の考え方をより広く捉えたモノである。

時間と空間を統一した特殊相対論

ニュートンの世界では、絶対時間と絶対空間にすべての基準があった。だから、もし光が有限の速度をもつなら、それは絶対空間に対する速度であり、したがって観測者にとっては（観測者が絶対空間に対して動いていると）光の速度は変わるはずだった。しかし、**アインシュタインは、絶対空間とか絶対時間を放棄して、代わりに、「光速度」という〝絶対的な〟基準を設定したのである。**

ニュートンの世界でもアインシュタインの世界でも、時間や空間の入れ物の中を光が進むことには変わりない。だから、光速度を絶対的な速度と考えるということは、入れ物である時間や空間が変わり得ると考えるということになる。そしてこれこそが、アインシュタイン以前の誰ひとりとして為《な》し得なかった、時間や空間に対する新しい意味づけだったのである。このあたりについては、5章以降で詳しく述べていこう。

ところで光速度不変の原理は、ニュートンの世界における絶対空間とか絶対時間と同じように特殊相対性理論の〝基本原理〟（のひとつ）なので、観測や実験によって証明することはできない（マイケルソン‐モーレイの実験も、説明は複雑になるが、「ローレンツ‐フィッツジェラルド収縮仮説」と呼ばれる別の仮説で説明できないことはない）。

しかし光速度不変の原理と特殊相対性原理から構築された特殊相対論は、後の章で説明する時間の遅れやアインシュタインの式などといった、さまざまな成果や予想をもたらしており、それらについては観測や実験によって検証することができる。

そして、自然はアインシュタインを支持したのである。

「ベルンの特許局の部屋ですわっていると、
突然、ある考えが浮かびました。
人は自由落下すれば、自分の体重を感じないだろう。
私は、はっとしました。
この単純な考えから深い印象を受けました。そして、
これによって重力理論へとかりたてられたのです。」（＊1）

subject 3

エレベータの内と外——等価原理という考え方

重力の本質を考えよう
地球のひとびとは重力に支配されている…
ガンダムですね
しかしエレベータに乗ると…
下にまいりまーす
下がっているとき体が浮いた感じがするなあ
ヒュー

よしッ思考実験だ!!
ワイヤーが切れてビルの30階から落下すると
中のわれわれはどうなる!?
死にますッ
ドドウア
そーゆー話じゃないッ
・・・・・
で、実際のところどうなるの?
何本か切れても平気なよう設計されているそうですが…

重力の世界——リンゴに働く力と月に働く力

アインシュタインの最大の宿題とも言えるのが、「一般相対論」、すなわちこの宇宙を支配する重力の本質に関する洞察である。重力とは、重さとは、いったい何なんだろう。アインシュタインが見破った宇宙の真実は、どんな世界だったのだろう。

地球の人々は重力に魂を縛られている——『機動戦士ガンダム』に出てくる有名なフレーズだ。

地上に存在するモノは、生きているモノも生きていないモノも、質量がある限り、等しく重力に捕らわれていることは真実だ。魂というものがあるかどうかは知らないが、仮に魂があったとして、魂が質量をもつかどうかはさらに不明である。しかし、アインシュタインの打ち立てた一般相対論は、質量のない光でさえ、重力に捕らわれることを明らかにした。魂もまた、何らかの実在である限り、重力に捕らわれないわけはないであろう。

いや、そもそも魂のあるなしにかかわらず、人が何かを〝考えたり〟、コンピュータが何かを〝計算したり〟、そういう作業を行う際には、かならずエネルギーが介在するはずだ。後述するアインシュタインの式によれば、エネルギーは質量に等価である。すなわち、心とか魂といった〝実体〟だけでなく、思考とか計算といった〝過程（プロセス）〟そのものにさえ、原理的には重力が影響を及ぼすことがあり得るだろう。

ガンダムのフレーズは、けだし、名言である。

さて、赤いリンゴに限らず、地上に存在するモノは、何らかの支えがなければ、〝鉛直方向下向きに〟落ちる。……これも、ちょっと変な言い方かな。というのも、〝鉛直方向〟というのは、そもそも鉛の錘《おもり》を垂らしたときに糸が示す方向のことだから、〝鉛直方向下向き〟というのは、最初っからモノが落ちる方向を意味していることになるからだ。

ま、とにかく、地上のモノは下に落ちるのが当たり前だ。では、天空に浮かぶ月は、なぜ落ちないのだろう。地上と天空とでは自然の理《ことわり》が違うのだろうか、それとも……。この素朴な疑問をニュートンが抱いたとき、万有引力の法則が生まれたとされている。

ニュートンの万有引力の法則

ニュートンの「万有引力の法則」では、あらゆるモノの間には、お互いに引き合う力――万有引力――が働いていると考える。そして、２つの物体の間の万有引力は、物体の質量が大きいほど大きく（万有引力はそれぞれの物体の質量の積に比例する）、また物体の間の距離が近いほど大きい（万有引力は物体の距離の２乗に反比例する）。

すなわち、２つの物体の質量をＭとｍ、物体間の距離をｒとおけば、万有引力の大きさＦは、

$$F = -GMm/r^2$$

と表される。ここで全体の比例定数Ｇは、物体の種類などによらない宇宙のどこでも共通な普遍的な定数であり、これを「**万有引力定数**」と呼んでいる。またマイナスの符合がついているのは、万有引力が〝引力〟であることを意味している。このニュートンの万有引力の法則は、アインシュタインの式ほどではないにせよ、きわめてシンプルな式であるこ

・図3-1 落ちるリンゴも天空に浮かぶ月も万有引力の法則の下にある

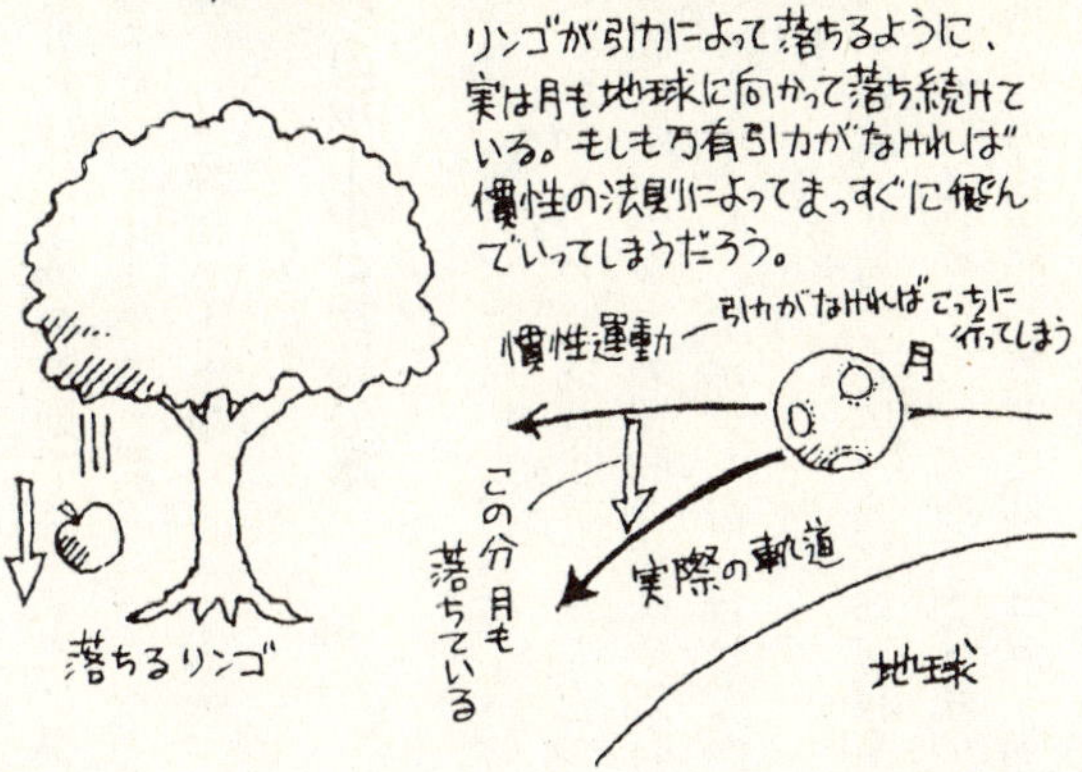
リンゴが引力によって落ちるように、
実は月も地球に向かって落ち続けている。もしも万有引力がなければ
慣性の法則によってまっすぐに飛んでいってしまうだろう。
慣性運動
引力がなければこっちに行ってしまう
月
この分月も落ちている
実際の軌道
地球
落ちるリンゴ

とに変わりはない。

　この万有引力は、物体の質量とお互いの距離だけで決まる。しかし、万有引力は、物体の形とか色とか匂いとか、それが生きているか生きていないかとか、物体のさまざまな性質には関係ない。また万有引力は、2つの物体の間に、何か別のモノがあっても関係なく届く。そして、ニュートンの絶対時間・絶対空間の枠組みの中では、万有引力は〝瞬時〟に届くと考えられていた。そういう意味で、万有引力は、〝遠隔作用〟する力である。

　万有引力とはそんな力なのだが、いったん万有引力を認めてしまえば、いろいろなことが一挙に理解できるのだ。たとえば、地上の落ちるリンゴも天空に浮かぶ月も、共に、万有引力の法則の下にある。すなわち月は落ちてこないわけではなく、実は、地球へ向かってつねに落ち続けているのだ。もし、万有引力がなければ、慣性の法則でまっすぐに飛び続けていってしまうだろう（図3－1）。

ちなみに、このような一般的な万有引力の中でも、とくに地球のような天体の万有引力を「重力」と呼ぶことも多い。

自然界のルールと奇跡の年

万有引力（重力）に対して、ニュートンの万有引力の法則が成り立つことは、たしかにそうだとわかる。日常的な世界で成り立つあらゆる観測事実も、その正しさを立証している。実際、ニュートンの運動の法則や万有引力の法則が正しくなければ、人工衛星は飛ばなかっただろうし、アポロも月へ行けなかったろう。ニュートン力学は、人類の科学技術の基本中の基本だ。

では、何故、2つの物体の間には万有引力が働くのだろう。何故、地球は、あらゆるものを引きつけるのだろう。万有引力・重力とはいったい何なんだろう。

実は、この根本的な質問には、ニュートン自身も含め、誰ひとりとして答えていないのだ。重力が〝どのように働くか〟は知っているのだが、〝なぜ働くか〟は知らないのである。そう、光と同じく重力も、「どこの誰かは知らないけれど誰もがみんな知っている」という類《たぐい》のモノで、実のところ重力の正体は誰も知らないのだ。

このことは、アインシュタインが一般相対論を築いた後でも、変わっていない。アインシュタインは、ニュートンが提出した遠隔作用として働く重力の法則を、時空の幾何学でもって捉え直した。そしてそれは自然を記述する正しいルールだった。ただし、アインシュタインの提案したルールは、ニュートンのルールよりもはるかに適用範囲が広く、そしてまた、新しい現象を予言したのである。

しかし、何故そうなのか、という問いには、アインシュタインも答えてはいない。誰がそのルールを作ったかは知らないが、**自然の仕組みを支配しているルールを知ることによって、より深く宇宙を理解することができるのだ。**……そしてこれこそがアインシュタインの目指したもの、自然の神を理解することであった。

ところで、ニュートンが万有引力の法則で地上を支配する力と天空を支配する力をまとめ上げたのは、一六六六年のことである。当時のイギリスはペストで大騒ぎで、ケンブリッジ大学も閉鎖したため、ニュートンは故郷のウールスソープに引きこもって、思索の日々を送っていた。その時期に万有引力の法則ができあがったのである。しかも同じときに、ニュートンは（ライプニッツと独立に）微積分法を考案し、さらに光に関する虹の理論も発見している。

この一六六六年が、科学史上で〈奇跡の年〉と呼ばれる所以《ゆえん》である。ニュートン、御年、わずか二十三歳。

そしてまた〈奇跡の年〉は、もう一回巡ってくる。そう、それはアインシュタインが特殊相対論を導いた一九〇五年だ。当時アインシュタインは、チューリッヒ工科大学は卒業したものの、母校の助手にはなれず、ベルンのスイス特許局の技官をしていた。しかし幸か不幸か、特許局の仕事は午前中であっさりと片づいたので（片づけたので）、午後は思索の日々を送っていたのだ。まぁこれも、ニュートンの隠遁生活と似たようなもんだろう。そして、アインシュタインも同じ年に、特殊相対論と光量子仮説とブラウン運動の理論という、どれひとつをとっても現代物理学の根幹に関わる理論を3つも発表したのだ。

この一九〇五年もまた、科学史上で〈奇跡の年〉と呼ばれている。アインシュタイン、御年、二十六歳。

翻って、自分が、二十代に何をしていたかというと……。え、ニュートンやアインシュタインと比べるなって？　考えないことにしよう。

「落ちるエレベータ」に乗ってみよう

ずっと昔、子供のころのことを思い出してみると、人よりも動きが鈍かったぼくでも、それなりに、あちこち跳んだりはねたりしたものだ。一所懸命に崖をよじ登ったり、石垣から飛び降りたりした情景が浮かんでくる。きっと誰しも似たような記憶をもっていることだろうと思う。

高いところから飛び降りると、身体《からだ》がフッと浮いたような感じがしたものだ。と同時に、高すぎて足をくじかないかつねに不安がつきまとったことも忘れられない。これは、高いところから落ちることに対する、ヒトザルの時代からもっていた本能的な恐怖なのだろうか。

あのころは、楽しかった……。

そんな霧の彼方《かなた》に沈みつつある遠い記憶までたどらなくても、現在の日常の世界でも同じような経験はできる。そう、それはエレベータだ。

高層ビルの二十何階ブッチギリのエレベータなんかだと、かなり加速も強いので、上昇するときには身体が重くなり下に押しつけられるように感じる（耳も痛くなるが、これは置いておこう)。逆に、二十何階から下降するときには、身体が軽くなった感じがする。

では、さらに極端に考えて、二十何階かで、エレベータを吊しているワイヤーがブチっと切れたらどうなるだろう。……墜落して死んでしまう、ではなくて、ここで思考実験(ゲダンケンエクスペリメント)というやつを行ってみよう。

さて、あなたはエレベータ(というか、単に窓のない箱でいいのだが)の中にいて、まわりの景色はみえないとする(図3-2)。

まず、地球の上で、エレベータが停止しているときのことを想像してみよう。停止した「箱」の中では、地球の重力が同じように働いているので、エレベータの中でも〝重さ〟(下向きの重力)を感じるだろう。一方、そのエレベータを乗せた宇宙船が宇宙空間で(ちょうど1Gで)加速しているとしたら、そのときにも、「エレベータ」の中では、〝重さ〟(下向きの力)を感じるだろう。

では、エレベータに乗っているあなたは、その〝重さ〟の感覚だけから、自分が地上で停止したエレベータに乗っているのか、それとも宇宙空間で加速しているエレベータに乗っているのか、区別することができるだろうか? 自分が感じる〝重さ〟の原因が、重力によるものなのか、加速運動によるものなのか、その違いがわかるだろうか? これは直感的にもわかるように、まわりの景色がみえるならともかく、〝重さ〟の感覚だけから区

・図3-2 落ちるエレベータを思考実験する

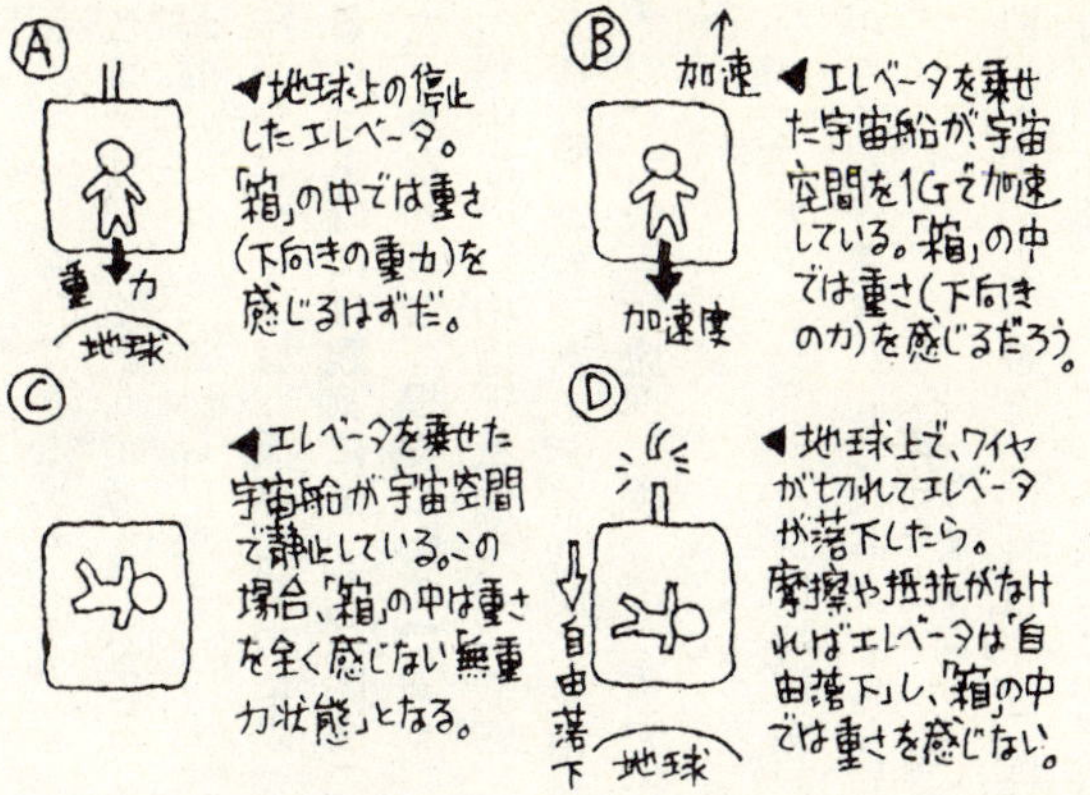
Ⓐ
◀地球上の停止したエレベータ。「箱」の中では重さ(下向きの重力)を感じるはずだ。
重力
地球
Ⓑ
加速
◀エレベータを乗せた宇宙船が宇宙空間を1Gで加速している。「箱」の中では重さ(下向きの力)を感じるだろう。
加速度
Ⓒ
◀エレベータを乗せた宇宙船が宇宙空間で静止している。この場合、「箱」の中は重さを全く感じない「無重力状態」となる。
Ⓓ
◀地球上で、ワイヤが切れてエレベータが落下したら。摩擦や抵抗がなければエレベータは「自由落下」し、「箱の中」では重さを感じない。
自由落下
地球

別することはできない。

さて今度は逆に、エレベータを乗せた宇宙船が宇宙空間で静止しているときのことを想像してみよう。この場合、あなたはまったく〝重さ〟を感じないだろう。いわゆる「無重力状態」とか「自由落下状態」というやつだ。一方、地球の上で、仮にエレベータを吊しているワイヤーが切れたとしたら、摩擦とか空気の抵抗がまったくなければ、エレベータは地面へ向けて「自由落下」する。このとき、エレベータの中にいるあなたもエレベータと一緒に自由落下状態になり、やはり〝重さ〟を感じられなくなるだろう。

では、エレベータに乗っているあなたは、その〝自由落下〟の感覚だけから、自分が宇宙空間で静止しているのか、それとも地上で自由落下しているのか、区別することができるだろうか？　これも直感的にもわかるように、区別することはできないだろう。

ここまでは、ぼくたちが考えてみても、直感的に理解できる話だと思う。アインシュタインが偉いのは、ここからだ。

アインシュタインは、天体の重力によって生じる力と加速によって生じる力が（感覚的にあるいは正確には観測によって）区別できないのなら、いっそ、それらをまったく同じものだとみなそうと、提案したのである。あるいは同じく、宇宙空間の無重力状態と天体の重力場中での自由落下状態も、実験的に区別できないなら、まったく同じものだとみなそうと提案したのである。これが一般相対論のひとつの柱である、「等価原理」の基本的な考えだ。この等価原理によって、重力場を加速系で置き換えることができるようになった。

ちなみに、アインシュタインは特殊相対論でも同じようなことをしている。すなわち、誰からみても光速度が同じにみえるのなら、いっそ、そもそも観測者によらずに光速度は一定だとしてしまえ、と考えたのである。

一般相対論のもうひとつの柱は、「一般相対性原理」で、これは重力場中にいる人にとっても、加速運動をしている人にとっても、**どのような人にとっても自然の法則は同じよ**

うに成り立つ、という考えだ。この一般相対性原理は、特殊相対性原理をさらに普遍化したものである。

一般相対論は、この2つの原理の上に築き上げられたのだ。

ここで、慣性質量と重力質量について、少しだけ触れておこう。

ニュートンの運動の法則では、質量を持った物体に力を加えると加速する。このとき、質量が大きいほど、加速しにくい。また逆に、動いている物体を止めるとき、質量が大きいほど止めにくい。この加速や減速の際に問題にしている〝質量〟は、動かしにくさ、慣性の大きさを表すものなので、**「慣性質量」**と呼ばれる。

一方、ニュートンの万有引力の法則では、物体の質量に加速度を掛けたものが、物体に働く重力の大きさになる。そして質量が大きいと、重力が大きくなる。この重力における質量は、慣性質量とは意味合いが違うので、**「重力質量」**と呼ばれる。

運動の仕方と重力とは、本来まったく別物なので、慣性質量と重力質量が同じである必然性は、本来はないはずだ。もともとは、重力によって感じられる重さと加速によって生じる重さとは、まったく違う種類の重さのはずなのだ。しかし、実験的には、非常に高い精度で、慣性質量と重力質量が等しいことが実証されていた。等価原理は、慣性質量と重力質量が原理的にも同じものであることを主張するものであり、ここにいたって、慣性質量と重力質量の問題もきれいに解決されたのである（これも、光速度不変の原理から、エーテルの問題が解決されたのと似ている）。

また等価原理の考え方だと、先に述べたように、重力場中で静止しているシステムでは重さを感じるから、これは加速系と同じで、いわゆる慣性系ではない。逆に言えば、重力を及ぼす天体の周辺において、加速を感じない本来の自然な状態は、天体の中心に向けて自由落下している系なのだ。天体の近くで静止している系は、静止し続けるために（！）、上向きに一所懸命加速していなければならないのである。

つまり、自由落下状態というもっとも自然な状態である慣性系を基準にして、そこから加速系に移行し、さらには加速系を重力場に置き換え、あるいはその逆の置き換えをする、というような操作を繰り返すことによって、あらゆる運動を解析することが可能になったのである。自由落下（freefall）は、もともとは重力場中での落下を指す言葉だったが、今では、宇宙空間での無重力状態も自由落下と呼ぶようになった。いや、「自由落下」という言葉のもとをさらにたどれば、実は、この言葉が最初に使われたのはSF小説の中である。アメリカのSF黄金期にロバート・ハインラインが使ったのが最初だとされている。そしてその後、科学の業界へ逆輸入され、専門語として定着したらしい。

光も自由落下する

等価原理を使えば、重力場の中で光が曲がることがすぐ証明できる。

ふたたびエレベータ／箱を思い浮かべてみよう（図3－2）。まず、周囲に何もない宇宙空間を加速しているエレベータの中で、横の壁の穴から水平方向に光が入射してきたとする。光は、エレベータの外側の宇宙空間に対しては（水平方向に）まっすぐ進むだろう。これは明らかだ。

では、エレベータの中で光を観測すると、どうみえるだろうか？　光が水平方向に進む間に、加速によってエレベータは上方向に移動する。その結果、エレベータの中の観測者からみると、光はあたかも下向きに曲がったようにみえるだろう。

このとき、もしエレベータが加速運動をしているのではなく、単なる等速直線運動をしているならば、光の到来方向は水平から傾いてみえるが、光自体はまっすぐに進むようにみえるだろう。これは以前に光行差のところで出てきたことと同じである。しかし、エレベータが加速運動をしていると、単位時間当たりの移動距離がどんどん大きくなるので、光の軌跡は直線ではなく下向きに曲がった曲線になるのである。

ここで等価原理にお出ましを願おう。先に述べたように、等価原理の考えでは、天体のまわりの重力場と加速系とは、基本的に区別できない。この区別ができないということは、さまざまな現象もまったく同じにみえるということだ。すなわち、加速系で光が曲がってみえるのなら、重力場の中でも光は曲がってみえるはずなのである。これがアインシュタインの出した答えだった。

こうしてみると、等価原理も、光速度不変の原理などと同じく、ある意味では発想の転換にすぎないことがわかる。しかし、等価原理を認めれば、重力場中で光が曲がることも容易に導けた。さらには一般相対論の（一見）不思議な現象も導けるのだ。

物質と時空を統一した一般相対論

ニュートンが地上界と天上界を統一して以来、ニュートンの万有引力の法則は、金科玉条であった。それですべてはOKだった。

ニュートンの法則（ルール）は、絶対空間と絶対時間の上に構築されていた。すなわち、物質が存在するための入れ物である空間と物質の存在の変化方向である時間の流れは、万物に共有の固定されたモノだった。

しかし、アインシュタインは、特殊相対論によって、時間と空間がフレキシブルであることを導き、さらには時間と空間を時空間に統一してしまった。時間と空間は必ずしも絶対的なモノではなかったのである。ニュートンの法則の成り立つ土台が揺らいでしまった。

ただし、ニュートンの運動の法則は、特殊相対論の枠組みの中に収まったが、万有引力はまた別の話だった。たしかに万有引力の法則は、実際の世界をきわめて精度よく表現しているから、ほぼ正しい理論（ルール）である。

時空を統一したアインシュタインは、時空間をよりフレキシブルにすることによって、万有引力の法則をも取り込み、より正しい理論、すなわち時空と重力の理論を導いたのだ。それが一般相対論である。

一般相対論では、時空はより弾力性をもったモノになり、質量と相互作用して変形するモノとして扱われることとなった。

すなわち物質の存在が時空を変形させ、一方、時空の変形が物質に重力作用を及ぼす。一般相対論は曲がった時空の幾何学であり、一般相対論によって、ついに時空と物質が統一されたのである。

「量子力学は大いに尊敬に値します。
ところが、内なる声が、これは本当のヤコブではないと告げるのです。
この理論は多くのものをもたらしますが、
神の秘密にはさっぱり近づけてくれません。
いずれにしても、神はサイコロ遊びをしないと確信しています。」（＊1）

subject 4

なぜ星がみえるのか？——光量子仮説

量子力学によると
モノゴトは確率的に
おこるらしい。
チンチロリーン
いずれにしても
神はサイコロ遊びをしないってことだ
ああ、神様はギャンブルしないってことね
そんな感じかな?
そりゃお金も今ても
しょーがないもんね
おさつあれ!
それは違う!

アインシュタインが言ったのは
神が決めたルールは
もっと白黒はっきりしたもののはずだ、
ということじゃ
お〜
雲りだ
やっ
サイコロみたいに
1が出るのも
6が出るのも1/6、
なんてあやふやな
世界観はイヤなんだ
全能の神様なら
サイコロ次の目
なんだか
わかるもんね
それは
その…

とびとびの世界で起こる不思議な現象

アインシュタインは、特殊相対論で、速度が光速に近くなると時空が変貌して、常識とは大きく異なった現象が生じることを示した。また一般相対論では、重力が非常に強くなるとやはり時空の変形が顕著になり、常識では考えられないような現象が起こることを示した。

そしてもうひとつ、アインシュタインがきわだって大きな業績を上げた分野が、「ミクロの世界」である。

ミクロな世界の特徴として、身のまわりの常識的な世界と異なる性質の第一には、

〝**ものごとの生起は確定的ではなく、できごとは確率的に生起する**〟

という点があげられる（特殊相対論も一般相対論も、ものごとが確定的に起こるという

意味では、古典物理学に属する理論なのである)。

とりあえず、例によって身近な状況で考えてみよう。たとえば、同じフロアの同僚に電話がかかってきたとする。ついさっきまで仕事をしていたのに、いつの間にかいなくなっている。まだ昼休みじゃないし、会議の予定もないはずだ。でも建物の中のどこかにいるはずだから、トイレにでも行ったか、休憩コーナーでお茶でも飲んで一服しているのだろう。と、ここまで一瞬で考えて、電話の相手には〝あいにく今、席を外しておりますが、どういうご用件でしょうか〟とか何とか答えることになるだろう。このとき、同僚がトイレにいる確率と休憩コーナーにいる確率が半々だとしても、実際は、トイレか休憩コーナーかのどちらかにいると考えるはずだ。いや、あまりにも常識的すぎて、わざわざそんなことさえ考えないかもしれない。しかし少なくとも、同僚の身体の半分はトイレにいて、身体の半分は休憩コーナーにいるとは考えないだろう。それが常識だ。いや、それが従来の常識だった。しかしいわゆる量子力学の支配するミクロな世界では、その常識が通用しないのである（図4-1）。

陽子と電子からできた水素原子を考えてみよう。古典的な描像だと、陽子のまわりを電子が回っていて、ある時刻の電子の位置を確定することが、原理的には可能である。しかし、量子力学的な描像では、電子がどこにあるかを確定することが〝原理的に不可能〟だと考える。わかるのは、**ある場所に存在する確率が何パーセントか**ということだけなのだ。電子が存在する確率（可能性）は場所によって異なり（位置の定まった点粒子ではなく）、水素原子を取り巻く「確率の雲」が電子のイメージになるのだ。

この、**ものごとが確率的に決まるという性質に対しては、アインシュタインは非常に居心地が悪いものを感じた。**彼は見かけ上は確率的でも、実は何か隠された変数（パラメータ）があって、本当は確定的に決まるのではないかと考えた。そして、量子力学的な確率的世界観に対しては、終生、反対することになるのだ。冒頭のアインシュタインの有名な言葉、〝**神はサイコロ遊びをしない**〟は、このことを指している（しかしある意味で、人間関係なんて偶然の積み重ね以外のなにものでもないという気がするが）。

量子力学的な考え方の基本としては、この、ものごとが確率的であるという点がクローズアップされることが多いが、もうひとつ、ミクロな世界の重要な特徴は、

〝**ものごとは連続的ではなく、現象は離散的（とびとび）に生じる**〟

ということがあげられる。

ここで離散的（とびとび）というのは、自然数のように数の間に間隔があることで、連続的というのは、実数のように間がいくらでも分割できることを指している。

ふたたび、身近な例で考えてみよう（図4-2）。たとえば、人やリンゴは、1人2人

・図4－1　同僚は、会社のトイレか休憩コーナーにいるはずだ

あいにく福江は席をはずしておりますが….
トイレにいる確率は1/2、
休憩コーナーにいる確率は1/2。
どちらかにいるはずだが、….。

・図4－2　ものごとは連続的ではなく、現象はとびとびに生じる

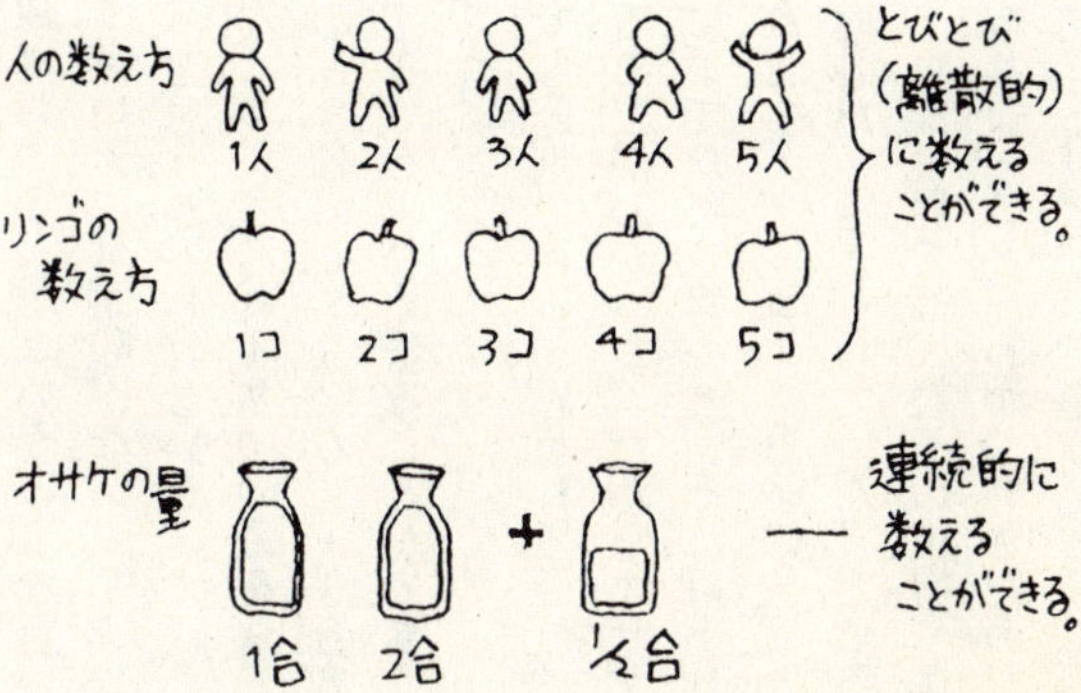
人の数え方
1人　2人　3人　4人　5人
リンゴの数え方
1コ　2コ　3コ　4コ　5コ
とびとび（離散的）に数えることができる。
オサケの量
1合　2合　＋　1/2合
連続的に数えることができる。

（1個2個）と数えることができる。0・3人の人間というモノは存在しない。もちろん平均を取ったりしたときは、〃4つのクラスの平均の人数は38・5人〃というような言い方をすることはあるが、〃3組の洋子さんの半分〃という言い方には意味がない（リンゴの半分は、ちゃんと切り分けることができるじゃないか、と思うかもしれないが、ま、それはおいといて）。これが離散的な現象のひとつだ。一方、たとえば、オサケの量を量るときには、日本古来の量り方では1合2合と数える。このときは、0・5合も0・3合も量としてちゃんと意味がある。しかも、原理的には、いくらでも少なく量ることができる。液体の量は、（古典的な概念では）連続的な現象のひとつなのである。

もっとも、かつては、液体や固体などの物質はいくらでも分割できると思われていた。しかし原子の実在によって、物質にも最小単位が存在することがわかった。だからオサケでも、あまり細かく分割していって、アルコールの分子にまでたどり着くと、それ以上分けることには意味がなくなってくるだろう。しかし、それでも、アルコール分子の位置とか運動速度、そしてエネルギーなどの物理量の値は、連続的だと考えられていた。ところが、量子力学の教えはそれさえも否定するのである。ミクロな世界では、粒子の位置やエネルギーでさえも連続的ではあり得ず、離散的な値しか取れないことがわかってきたのだ。

このミクロな世界においては、現象はなにごとも離散的（とびとび）である、という概念に重要な寄与をしたのが、やはりアインシュタインなのだ。

デジカメの原理と「光電効果」

最近はデジタルカメラ（デジカメ）が大流行である。数百万画素のモデルも廉価になってきた。一昔前のビデオカメラや現在のデジカメの全盛は、いわゆるCCDと呼ばれる半導体素子の開発に負うところが大きい。被写体からやってきた光は、ビデオカメラやデジカメのレンズによって焦点に導かれ、そこに置かれたCCD（電荷結合素子とも訳される）に入射する。そしてCCDが、被写体の光を捉え、その強弱や色などの情報を電気信号に変換するのだ。その情報が、ビデオカメラの場合は磁気テープに、デジカメの場合は半導体メモリーに記録されて、あとで再生できるというわけである。最近では半導体メモリーの容量が大きくなったので、動画情報を記録できるデジカメも増えてきた。

ちなみに、従来のカメラでは被写体の光をフィルムで捉えるが、フィルムの感光効率に比べるとCCDの受光効率の方がはるかに高いので、デジカメは暗いところでも割と撮影ができるし、さらに被写体の画像を最初からデジタル信号に変換するのでコンピュータなどに取り込むのも容易である。この使い勝手がデジカメの流行を生んだのだろう。一方、デジカメ画像の解像度は、フィルムにはまだ及ばない。だからこそデジカメの宣伝では、何百万画素とか、画素数が喧伝《けんでん》されるのである。もっとも画素数を上げれば必要なメモリーも増えて扱いが面倒になるので、従来型のカメラとデジカメは、当分は共存するだろう。

　このデジカメの原理は、実は前世紀末にまで遡《さかのぼ》る。

　そもそもは、金属の表面に光を当てると電子が飛び出す現象が見つかっていて、「光電効果」と呼ばれていたのだが、この現象は十九世紀末にフィリップ・レナードらによって詳しく調べられた（図4－3）。金属中には多数の電子が存在しているので、強い光を当てれば（光のエネルギーをもらい受けた）電子が飛び出てくること自体は不思議ではなかった。ちょうど玉突きのようなイメージで、入射してきた光が電子に当たって、電子を弾き飛ばすのである。先のデジカメも、この光電効果を利用しているのだ。

　しかし、研究者たちが理解できなかったのは、光電効果で電子が飛び出すのはいいとして、その飛び出し方の性質だった。

　たとえば、金属ナトリウムの小片に、〝紫色の可視光線と紫外線を放射する〟石英ガラスランプと、〝赤色の光線を放射する〟ランプで、光を浴びせる実験をしてみる。そうすると、石英ガラスランプではどんなに弱い光でも電子が放出されるのだが、赤色ランプではランプの光をどれだけ強くしても電子は放出されなかったのである。

・図4-3 金属の表面に光を当てると電子が飛び出す「光電効果」が見られる

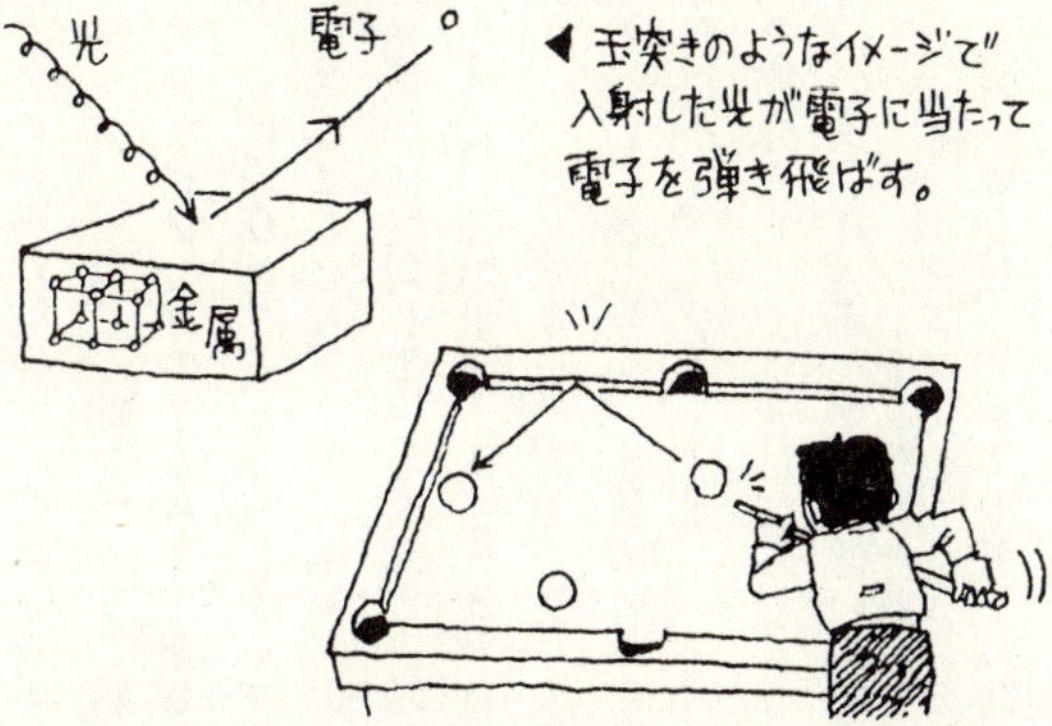
光
電子
金属
◀玉突きのようなイメージで入射した光が電子に当たって電子を弾き飛ばす。

光電効果のこのような性質は、物理量（この場合、光のエネルギー）が連続であるという古典的な描像では、決して理解できないものだった。

それに対し、アインシュタインは、「**光量子**」、すなわち今日でいう「**光子**」という概念を使って、この光電効果を見事に説明し切ったのだ。

原子から光が放出されるときには、光はその振動数に比例するエネルギーの塊《かたまり》として放出されるということは、マックス・プランクが仮定していた。つまり青い光は振動数が高いのでエネルギーも大きく、赤い光は振動数が低くエネルギーも小さいことを意味する。彼は、自分の導いた黒体輻射《ふくしゃ》を表す式、「プランクの公式」を説明するために、光のエネルギーがとびとびであることを仮定しなければならなかったのである。ただ、プランクは、あくまでも光が実体としてエネルギーの塊になっているとは考えていなかった。

アインシュタインは、このプランクの仮説をさらに強力に押し進め、単なる仮説ではなく、実際に**光がとびとびのエネルギーをもった塊＝「光量子」として振る舞い、さらに光量子として空間を伝播する**と主張したのである。アインシュタインの相対論に早くから理解を示し、さらにもともと光のエネルギーを仮定したプランクでさえ、当初はアインシュタインの光量子に反対しているから、当時としてはいかに革新的な考えだったかがよくわかる。ちなみに、この量子（quantum）はアインシュタインの造語である。

しかし、いったん光量子の概念を受け入れれば、先の光電効果の謎は容易に解決できる。金属に入射してきた光が、金属の外部に電子を叩き出すためには、ある最低限のエネルギーが必要だろう。

古典的な描像のもとでは光は波動のようなもので、そのエネルギーは連続的なので、たとえ赤外線のようにエネルギーの低い光でも、長い時間照射すればエネルギーを蓄積して電子が放出されることになる。しかし光が粒子性をもち、離散的なエネルギーをもった光量子として振る舞うなら、エネルギーの低い赤い光をいくら当てても、電子に充分なエネルギーを与えることができないので、電子を叩き出すことができない。これがまさに、実験で赤い光では電子が放出されなかった理由である。すなわち紫外線などエネルギーが高い光なら電子を放出させることができるが、赤外線のようにエネルギーの低い光だと、どれだけ大量に当てても電子を叩き出すことができないのだ。

かつて、ニュートンは光を粒子だと考えた。それに対し、ホイヘンスは光を波動だと考えた。そして十九世紀、マクスウェルの電磁気学により、光の波動説が確立したかにみえた。しかし一九〇五年の光量子仮説にいたって、光の粒子性がふたたび脚光を浴びることになったのだ。光についての描像は、このように揺れ動いてきたが、今日、**光は、粒子性と波動性と、古典的な考え方では相矛盾する2つの性質を併せもつものだ**と考えられている。そして光の性質の二重性こそが、量子力学の結論なのであった。

どうして夜空に輝く星がみえるのか？

ところで光電効果などというと、実験室だけで起こることで、何だか特別なことのように思えるかもしれない。しかし、量子の作用は、ごく身近なところでも多くみられる。先に挙げたデジカメはその一例だ。

別の例としては、たとえば、「日焼け」がそうだ。夏の強い日差しの下では一瞬で日焼けが起こるが、ふつうの蛍光灯とかストーブだと、どれだけ長時間当たっても日焼けはしない。これがまさに量子の効果なのだ（図4－4）。

　そもそも日焼けとは、紫外線が皮膚に当たったとき、皮膚が光化学反応を起こして黒くなる生理現象のことである。皮膚の細胞が光化学作用を起こすためには、光電効果と同様に、ある一定以上のエネルギーが必要なのだ。だから光のエネルギーが低いストーブなどだと、いくら熱くても日焼けは起こらないが、エネルギーの高い紫外線（紫外線灯）だと、ちょっと浴びただけですぐに日焼けが起こる。これはまさに人間版光電効果にほかならない。

　ちなみに、日焼けには、サンタンとサンバーンの2種類がある。すなわち波長の長い近紫外線（波長が320㎜から400㎜までのUVAというヤツ）は化学作用があまり強くないので、小麦色や褐色の健康的な日焼けを起こす。それをサンタンと呼んでいる。また、波長の短い紫外線（波長が290㎜ぐらいから320㎜までのUVB）は化学作用が強く、真っ赤に腫《は》れて水膨れになる。それがサンバーンだ。サンバーンは身体にも悪いので、くれぐれもお肌は上手に焼いて欲しい。

　またもうひとつの身近な例として、〝**肉眼で星がみえる**〟という事実がある。

星に限らず、そもそも光や色を認識するということは、どういうことだろう。

・図4-4「日焼け」も光電効果の身近な例である

▼光のエネルギーの低いストーブにいくらあたっていても、日焼けは起こらない。
▲紫外線による日焼けはまさに人間版光電効果だ!!焼きすぎないようにくれぐれもお肌は大切に….。

目に入ってきた光は、まず網膜の視細胞（光を感じる細胞）に当たり、視細胞の中で光化学変化を起こす。次に、そこで生じた化学物質が視神経を刺激し、その刺激による信号が視神経を通して目から大脳まで伝わる。そして、大脳の視中枢で信号が処理され（それまでの経験によって学習した内容と比較されて）、対象の形や明るさや色として認識されるのだ。

　問題は、このプロセスの最初の段階である。視細胞で化学変化を引き起こさせるためには、やはり最低限のエネルギーが必要だ。星の光は非常に弱い。だから、もし光のエネルギーが連続的なものなら（暗いところだと長時間露出しないと写真が写らないのと同様に）、長時間かけないと星がみえないはずだ。しかし実際には、一瞬で星はみえる。……あ、もちろん暗闇に目を馴らす時間は必要だが、いったん、目が馴れれば、目をつぶって（シャッターを閉じて）開けたときに、すぐ星はみえる。

これはまさに、光が、連続的ではなく、量子として、エネルギーの塊として、はるか宇宙の彼方から飛来してきたことの証拠なのである。光が量子として振る舞わなければ、ぼくたち人間は星の光を感じることはできないだろう。

アインシュタインの光量子仮説に対して、一九二一年度のノーベル賞が授与された。

アインシュタインの反駁

アインシュタインは終生、量子力学には反対の立場を取り続けた。自分自身がその建設に大きく寄与したにもかかわらずだ。それを端的に表しているのが、最初にも述べた、

〃神はサイコロ遊びをしない〃

である。

アインシュタインは、量子力学に反対し否定したが、重要なのは、非常に重要なことは、

それがただの否定ではなく、〝**生産的否定（建設的否定）**〟だったことだ。

世の中には、何でもかんでもただ否定する人が少なくない。実際のところ、アレはダメだとか、コレは無意味だとか言うのは簡単だ。しかし、このような否定のための否定、反対のための反対からは何も生まれない。そんなのは〝破壊的否定〟である。

しかし、アインシュタインは、（量子力学は）何故よくないか、どこがまずいかを、つねに問い続けた。そして具体的な問題点を次々と指摘し、コペンハーゲン学派のドンであり、量子力学の指導的立場にあったニールス・ボーアたちを困らせた。アインシュタインの問いに対し、ボーアたちは頭をふり絞って応えたのだ。このアインシュタインの問いとボーアの答えが、量子力学の発展にとって非常に実り多い論争であったことは、有名な話である。これこそが建設的な反対、〝生産的否定〟なのである。

学問的内容はもちろんだが、論争におけるアインシュタインたちのスタンスには、ぼくたちも学ぶところが大きい。

ところで、量子力学と相対性理論は、いまだ完全に結びついていない。より正しくは、量子力学と特殊相対論は統一されている。つまり光子は常に光速度で運動するのだから、もともと相対論的な粒子だ。一方、電子も、ディラックの定式化などによって、相対論的に扱えるようになっている。すなわち光速に近い速度で運動する電子については、（特殊）「相対論的量子力学」ができているのだ。

しかし、量子力学と一般相対論は統一されていない。すなわち強い重力場での量子力学である「量子重力」はいまだ完成していないのだ。相対論が完成して半世紀以上経つが、量子重力は、大きな大きな宿題として今も残っているのである。

「正常なおとなはけっして時空の問題で頭を悩ませたりしない。
正常なおとなの意見では、考えるべきことはすべて、
小さな子どもだったころにすでに考えてしまっているのだ。
私ときたらこれとは反対に、成長があまりにも遅かったので、
大きくなってしまってからやっと
空間と時間について不思議に思いはじめた。
その結果、普通の子どもならしないくらい深く
この問題を探ることになったのである。」（＊1）

subject 5 時間と空間の統一——時空のダイアグラム

テレフォンショッピング
時間と空間をひとつにとらえる
相対論は数式ばかりでイメージがつかみにくいなあ
いまは便利なものがあるんですよ
はい ミンコフスキーダイアグラム
わあ すごい!
わ
空間内の物体の動きを視覚的にとらえられるようになりました
時空ダイアグラムの目盛りのとりかたを空間軸に対して時間軸をすごく引きのばしたんです
ほ

さしずめ物理学界の十徳ナイフ
これは便利だ
わー
今ならこのダイアグラムに十徳ナイフ、
のびる植木バサミをセットしてズバリ6000円
買った!
そして…
……
通販って届くころはさめちゃってるよな……

慣性系と4次元時空

2章から4章では、アインシュタインの大いなる3つの業績、特殊相対論・一般相対論・量子論について、ざっと眺めてきた。ここからは、特殊相対論と一般相対論について、もう少し詳しく考えていってみよう。まず、相対論において、時空の枠組みはどうなったのだろうか?

人でも車でも宇宙船でも、現実の物体は、重力や摩擦力やロケットの噴射の反作用など、さまざまな力を受けて動いている。このような外部からの力がいっさい存在していなければ、物体は静止しているか、あるいは速度が一定のまままっすぐに飛んでいく等速直線運動を行う(速度が0の等速直線運動は静止状態にほかならないので、広い意味では等速直線運動は静止状態を含む)。こういう話は、何となく聞いたことがある人も少なくないだろう。

さて、外部からの力が働いていないシステムを、いちいち、〝外部からの力が働いていなくて等速直線運動をしている状態〟というのは面倒なので、ふつうは簡単に「慣性系」と呼んでいる。等速直線運動は、任意の速度で任意の方向に可能だから、慣性系は無数に存在することになる。また外力が働いていないのだから、慣性系は無重力である。

アインシュタインの考えた**特殊相対論（特殊相対性理論）は、このような慣性系だけを考える物理理論である**――だから〝**特殊**〟**がついている**（もちろん、最初から〝特殊〟がついていたわけではなく、〝一般〟と区別するために、後代になってついたものだが）。一方、重力や加速に伴う力が働くシステムは「**非慣性系**」と呼ばれるが、そのような（慣性系も含み）**非慣性系一般を考える物理理論が一般相対論（一般相対性理論）である**。

ところで、そもそも運動とは、観測者の属する慣性系（自分の慣性系だから自分系といったところか）以外に、観測される相手の属する慣性系（相手の慣性系だから相手系とでも呼ぼう）があってはじめて成り立つ概念である。たとえば自分系に対して、相手系の運動速度の大きさや運動している方向とかは観測することができる。しかし、もし何もない空間に自分だけがポツンと存在しているような場合には、比較対象がないので、どの方向にどういう速度で動いているかを知ることはできないことになる。いや、それどころか、自分が静止しているのか運動しているのかさえ、比較対象がなければ決してわからないはずだ。つまり、先にも述べたように、運動というのは、あくまでも〝相対的〟な概念なのである。

ところで、物体が存在したり運動したりする入れ物が「空間」で、物体の変化を刻む〝方向〟が「時間」だが、運動が起こる空間は運動の自由度（方向）に応じた「次元」をもっている。たとえば、高速道路のように運動が曲線（直線）上に制限されていて運動の自由度がひとつしかないのが1次元空間で、地球の表面のように運動が曲面（平面）上に制限されているのが2次元空間である。そして、実際にわれわれが住んでいるのは、タテヨコ高さの3つの方向の自由度をもつ3次元空間である。

一方、時間は、過去・現在・未来というひとつの方向しかないという意味で、1次元として考えていいだろう。

アインシュタインの登場以前は、時間と空間は、まったく別な実体だと思われていた。しかし、アインシュタインが導入した光速度不変の原理によって、一見まったく性質が違うようにみえる**1次元の時間と3次元の空間は**、**実は別々のモノではなく**、**ひとつのまとまった実体として扱える**ことがわかった（2章）。それを**「4次元時空」**とか**「4次元時空連続体」**などと呼んでいる。4次元なんて言葉づらだけからは、まるでSFみたいな感じさえするかもしれないが、とんでもない。アインシュタインが統一した4次元時空は、明確な物理概念であり、空間や時間が存在するのと同じくらい確固として存在する実体なのである。

時空間の中で物体の運動を描く方法

物体の運動のような、空間内における時間的変化は、一般的には、空間を固定して、その中での動き（動画）として表すことが多い。しかし、（特殊）相対論では、空間と時間をあわせて「時空」として捉える立場なので、ふつうの方法で表すことは難しいし、逆に混乱を招くことさえある。しかし、**時間座標を空間的に表した「時空ダイアグラム」**なるものを用いると、物体の運動を視覚的に表現することができるようになるのだ。

実際の空間は3次元もあり、（1次元の）時間と共に図示するのは難しいので、時空のダイアグラムでは、表現上、空間の次元を減らして表すことが多い。たとえば、横軸に空間の距離xを取り縦軸に時間tを取ったり、水平方向にx軸とy軸を、縦方向に時間tを取ったりする（図5-1）。時間軸は必ず縦軸（鉛直方向）で、下を過去、上を未来と約束する。時間軸を縦軸に取っておけば、空間軸として水平方向にx軸とy軸を考えたときにも、まぁ、なんというか、対称的に綺麗な図にできるのである。この鉛直方向が特別な方向であるという生物的な感覚は、あくまでも重力に縛られた地球生物としての業なのかもしれないが。

具体的に、横方向に1次元の空間、縦方向に時間（上が未来）を取った時空のダイアグラムを使って、物体の運動を表してみよう（図5-1Ⓐ）。静止した物体は、空間座標xの値は変わらず時間だけが過ぎていくので、静止した物体の「軌跡」は鉛直方向に過去から未来に向かって伸びる直線になる。一定速度で動く物体（人や車や飛行機）の「軌跡」は傾いた直線になり、速度が速いほど直線の傾きは小さくなる。

今度は、太陽のまわりを回る惑星の運動を、水平方向に2次元の空間を取った時空ダイアグラムで表してみよう（図5-1Ⓑ）。太陽は（原点に）静止しているので、太陽の軌跡は時間軸に沿ったまっすぐな直線になる。一方、空間内で円運動している惑星の軌跡は、時間が進むにつれ上の方向（未来方向）に引き延ばされて、螺旋状になる。

ミンコフスキーダイアグラムと世界線

秒速30万kmで真空中を伝わる光。電波もX線も可視光線も、電磁波はすべて光速で伝わ

・図5-1「時空ダイアグラム」とは!?

Ⓐ ふつうの「時空ダイアグラム」:
横軸に距離xを、縦軸に時間tをとっている。

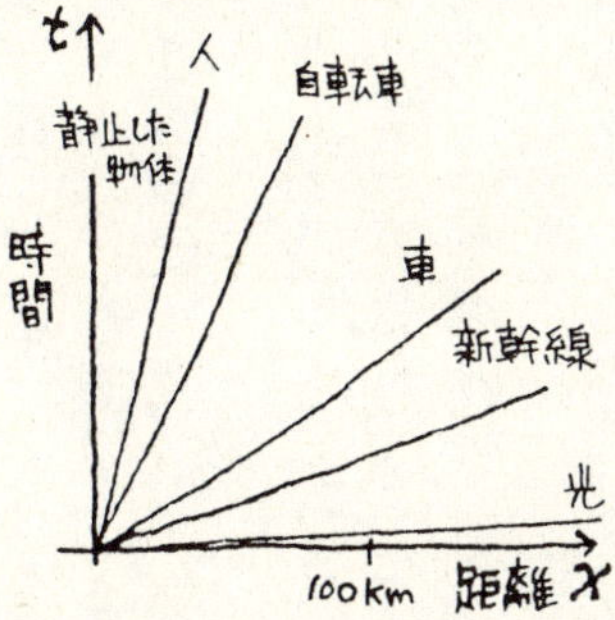
t
人
自転車
静止した物体
時間
車
新幹線
光
100km
距離x

Ⓑ 水平方向にx軸とy軸をとった「時空ダイアグラム」。縦軸は時間t。

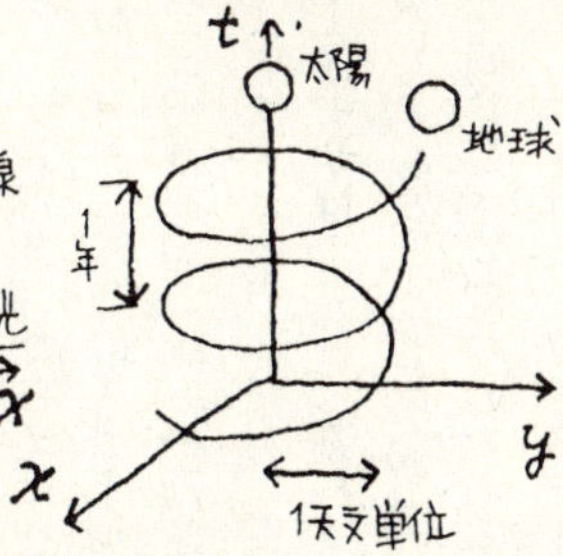
t
太陽
地球
1年
y
x
天文単位

・図5-2 ミンコフスキーダイアグラムとは!?

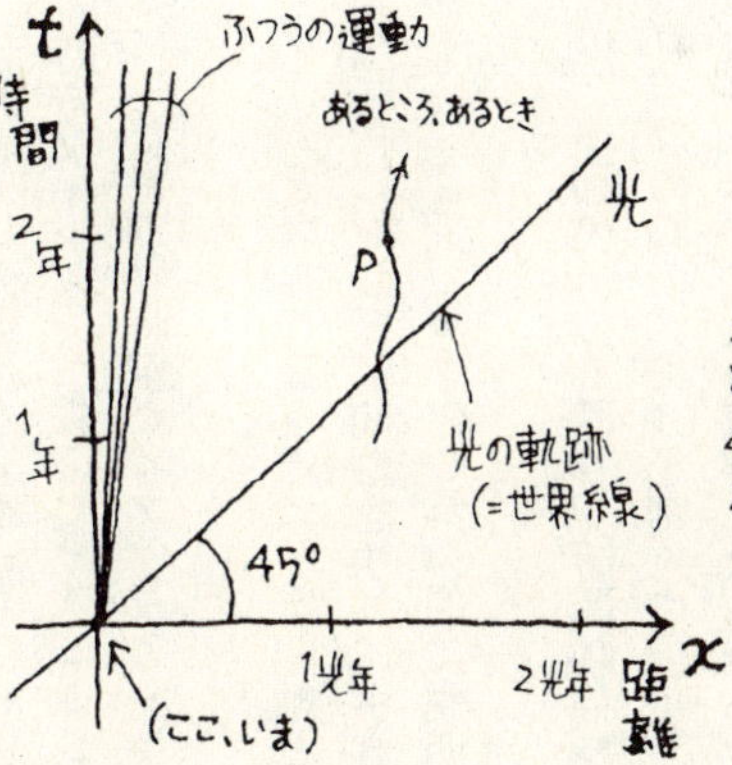
t
時間
ふつうの運動
あるところ、あるとき
光
2年
P
1年
光の軌跡
(=世界線)
45°
1光年
2光年
距離
x
(ここ、いま)

◀ミンコフスキーダイアグラムとは、光の軌跡が傾き45°になるようにメモリを刻んだ時空ダイアグラムのことなのだ!

る。この光速度cというのは、とても特別な速度で、相対論では光速度を基準にしてものごとを考えることが多い。実際、相対論では、単なる時空ダイアグラムではなく、「ミンコフスキーダイアグラム」と呼ばれる、光速度を基準にした特別な時空ダイアグラムを使う（図5-2）。

ミンコフスキーダイアグラムがふつうの時空ダイアグラムと大きく違う点は、空間軸と時間軸のメモリの取り方（単位）である。すなわち、空間軸に対して時間軸をすごく引き延ばしてあるのだ（空間軸をすごく押し縮めてあるとも言える）。もう少し具体的に説明しよう。

ふつうの時空ダイアグラムだと、たとえば空間軸はmとかkmの単位で測り、時間軸は秒や時間で計る。すなわち身のまわりのスケールで、それぞれの軸のメモリを刻んでいる。このメモリスケールでは、秒速30万kmもの高速の光の軌跡は水平に近い直線になるだろう。

しかしミンコフスキーダイアグラムでは、時間軸の1メモリを1秒にするなら、同じ長さに取った空間軸の1メモリは1光秒に刻む（1光秒は光速で進んで1秒かかる距離、すなわち30万km）。あるいは、図のように、空間軸方向には1光年のメモリを、時間軸方向には1年のメモリを、同じ長さで刻むのである。こうすると、光は1年で1光年進むから（それが定義だ！）、光の軌跡はミンコフスキーダイアグラムでは傾き45度の直線になる。

言い方を変えれば、**光の軌跡が傾き45度の直線になるようにメモリを刻んだ時空ダイアグラムがミンコフスキーダイアグラム**なのである。

こういう刻み方をする理由は、相対性理論では、光速度を基準にして、いろいろな運動を考えるためだ。だからもし、車の運動などのような日常的な運動をミンコフスキー空間で表せば、それらの速度は光速度に比べて非常に小さいので、時間軸にほぼ沿った方向の直線や曲線として表示されることになるだろう（すごくわかりにくい）。

なお、これらの**ミンコフスキーダイアグラムにおける慣性系（物体）の軌跡**を、ひとことで、慣性系の**「世界線」**と呼んでいる。〝横軸を空間軸とし縦軸を時間軸としたミンコフスキー空間での……〟というよりは話が早い。

また、45度に傾いた光の世界線は、ふつう**「光円錐」**と呼んでいる。これは水平方向に2次元の空間（x軸とy軸）を取ったミンコフスキーダイアグラムでは、光は時間軸から45度のあらゆる方向、すなわち頂角45度の円錐面内に伝わるからだ。

このようなミンコフスキー空間でいろいろな運動がどう表されるかだが、まず原点に自分がいるとすると、そこが自分自身の**（ここ、いま）**である（図5-2）。

もし自分がx軸上で静止していれば、自分は時間軸上を過去から未来に移動していくので、自分はx軸に垂直な直線で表される。x軸上で静止した他の慣性系も同じである。

もし自分がx軸の正の方向に等速で動いていれば、自分の軌跡は原点を通って右方向に傾いた直線で表されるだろう。等速直線運動している他の慣性系も、鉛直方向から少し傾いた直線で表される。そして光は、先に述べたように、45度に傾いた直線で表される。なお（等速直線運動をしていない）一般の運動者（非慣性系）は、Pのような曲線になる。しかし、あらゆる物体の速度は光速度よりも遅いため、物体の世界線の傾きは45度より急なので、物体の世界線は必ず光円錐の内部に含まれる。

ミンコフスキーダイアグラムは、一九〇七年にヘルマン・ミンコフスキーがはじめて導入したものだが、相対論の表現はこれによってずいぶんわかりやすくなった（オリジナルなものでは、虚数なども使うが、話のエッセンスは同じ）。すなわち、アインシュタインが一九〇五年に特殊相対論を打ち立てて時間と空間を時空に統一したとは言うものの、多くの人にとって、その取り扱いはなかなかピンと来なかったのである。空間と時間は、相対論の前でも後でも、そして現在でも、相変わらず、あまりにも見かけが違っているためだ。

しかし、ミンコフスキーダイアグラムの上では、時間があたかも空間のように表されている。3次元の空間を表すときに、x軸、y軸、z軸を使うが、ミンコフスキーダイアグラムにおける時間軸は、ちょっと特別なz軸のように見えるのである。そして、**空間内に**

おける物体の運動という時間変化を伴う現象が、世界線という視覚的な図形で表されることになった。また特別な意味をもつ光は、傾き45度の光円錐という特別な図形で表されるように定められた。

数式の背後に隠れていた見えにくい相対論だが、視覚に訴える手段で図形的に表現したミンコフスキーダイアグラムは、難解な理論の理解者を一挙に増やした画期的なモノだったのだ。

「過去、現在、未来の区別は、
どんなに言い張っても、
単なる幻想である。」（＊2）

subject 6

ウラシマ効果——同時性と時間の遅れ

ウラシマ効果について
これこれ カメをいじめちゃいけないよ
うるさいなあ
やめたやめた
ありがとうございます お礼をしたいので これに乗って下さい
ザザー
宇宙船
宇宙船ってなに——!?
こうして太郎は面白おかしく日々をすごし

宇宙船に一週間いただけなのにー
帰ってみればこはいかに!?
未来都市
こんな非人間的な都会はいやだあー
ボワーン
古代人が玉手箱を!
未来人
未来人
ところが未来の技術で
そんなあ〜
太郎はまた若返らされましたとさ

発想の転換が常識を変える

〝誰から見ても光の速度が一定であること〟（光速度不変の原理）と、〝誰にとっても自然の法則が同じように成り立つこと〟（特殊相対性原理）。このたったふたつの基本原理からアインシュタインが打ち立てた特殊相対性理論の世界では、日常的な世界からは想像もつかない摩訶不思議な現象が起こる。その中には、**時間の遅れ**や、**質量とエネルギーの等価性**など、従来の物理学ではまったく説明できないことも少なくない。今までの常識にしがみついていたのでは、とうてい受け入れがたい現象さえ起こってくるのである。

しかしいったん常識を離れて発想の転換をすることさえできれば、**不思議に思えた現象も、ものごとの考え方・捉え方の問題である**ことがわかるだろう。すなわち、時間の遅れにしても曲がった空間にしても、不思議なことでも何でもなく、**光速度を不変にしたために、入れ物である時間と空間の方が相対的なものになってしまった**だけのことなのだ。

その一例として、ここでは〝同時〟という概念を再検討してみよう。

〝同時〟とはどういうことなのか？

日常的な生活では、とくに時間に追われる現代社会では、「同時に……する」というようなことがよく起こるだろう。たとえば恋人同士が5時に喫茶店で待ち合わせるというとき、それぞれが自分の時計を確かめながら、〝同じ時間〟に喫茶店に到着するように心がけるものだ。もしも仮に時計の時間どおりに行ったのに遅れたなら、時計が狂っていたのだと思うだろう。

あるいは、ウィンブルドンの生中継をみているときのことを考えてみよう。イギリスは真っ昼間なのに日本は夜中なので、それぞれの国の〝時刻〟は異なる。しかし、（衛星中継のわずかな時間差は無視して）今、〝同時〟に起こっていることだと考えるからこそ、ぼくたちは興奮するのだ。これが〝常識〟だ。

さらに、離れた場所で起こった現象が〝同時〟に起こったのかどうかを知るためには、実際に目で見て確認したり、無線機などの電波で連絡を取ったりすることになるだろう。すなわち光を使うのである。

たとえば、まっすぐな通りの100m東と100m西に知り合いが現れて、自分に対して同時に手を振ってきたときのことを考えてみるといい。片方が女の子（男の子）で、もう一方が男の子（女の子）なら、男の子（女の子）には気づかなかったフリをして、女の子（男の子）の方に手を振り返せば全然ＯＫだが。でも、もし両方とも女の子（男の子）だったら、どちらに手を振り返すか一瞬迷ってしまうだろう。ましてや、両方とも好きな女の子（男の子）だったりしたときは、これはもうパニックだ。

まぁ、それはともかく、光の速さは非常に大きく、日常的な感覚では光は瞬時に届くとみなすことができるので、（手を振ったという現象を）目でみることによって、それが〝同時〟に起きたことかどうかを判断するわけだ。

この遠方で起こった現象を光によって観測する方法は、相手が何光年先でも、同じように使える。たとえば、〝一九八七年に大マゼラン雲で超新星が爆発した〟というように。でも、少し考えると、この言い方はおかしいことがわかる。というのは、大マゼラン雲は太陽系から約16万光年離れているので、超新星の爆発自体は、実際には約16万年前に起こってしまっているからだ。宇宙空間を光速ではるばる伝わってきた爆発の光を観測したのが、一九八七年なのである。つまり、光速度が有限であるために、非常に遠方の現象の場合は、光が届くのに時間がかかることを考慮しないといけない。しかし、その点さえ考慮すれば、16万年前の時点で、(爆発の光はまだ届いていないが）超新星爆発が〝同時に〟起こったのだと考えることができる。

こういったことは、一見、当たり前みたいだ。しかし、もしも仮に観測者が高速移動していたとすると、あら不思議、当たり前なことが当たり前でなくなるのだ！

では次に〝同時〟という現象を、ミンコフスキーダイアグラムを使って考えてみよう（図6－1）。

同時であって、同時でなくなるとき

地球を原点とし、x軸の負の方向に1光年離れて観測基地Aが、正の方向に1光年離れて観測基地Bがあるとしよう。地球もAもBも、空間内で静止しているとする。したがって、ミンコフスキーダイアグラムの上では、これらの世界線は鉛直の直線になる（4・3光年離れたケンタウルス座α星と8・7光年離れたシリウスを比べてもいいのだが、まぁ、簡単な方がいいので仮想的な観測基地にしよう）。

さて、観測基地AとBのそれぞれから、1月1日の午前0時0分0秒に、地球に向けてデータを送信したとする（図6－1Ⓐ）。電波は光速で伝わり、地球ではちょうど1年後に、AとBからの電波を〝同時〟に受信するだろう。そして、AとBは地球から同じ距離にあるのだから、地球では、AとBで電波を発信したのも（1年前の）〝同じとき〟だったと判断するはずだ。もしAからの信号の受信がBからのものより遅ければ、発信も〝同時〟ではなくAが遅れたのだと考えるだろう（図6－1Ⓑ）。……これは先ほどの、通りで手を振る話と基本的には同じである。ただ、100m先というのを1光年先にして、光速度の有限性が明らかになるようにしただけの話だ。

もっとも、この話では、観測基地AとBとで時計が合っていないと困る。そこで、もう少し厳密にするためには、もう一段階付け足して、時計の時刻合わせまで含めて考えればよい。すなわち、まず、地球から観測基地AとBの両方に向けて同期信号を送り、1年後にAとBに同期信号が到着する。この信号でAとBの時刻合わせをする。そしてAとBは、受け取った瞬間に地球に向けてデータを送信するのだ（図6－1Ⓒと Ⓓ）。

これで完璧だ。でもって、まったく当たり前と思えることを長々と言っているだけのようでもある。

では今度は、地球と観測基地AおよびBに加えて、地球から観測基地Bへ向け、光速の6割の速度で飛んでいる宇宙船Sがいるとする（図6－2）。もちろん宇宙船の速度はい

・図6-1「同時」という現象を考えてみる

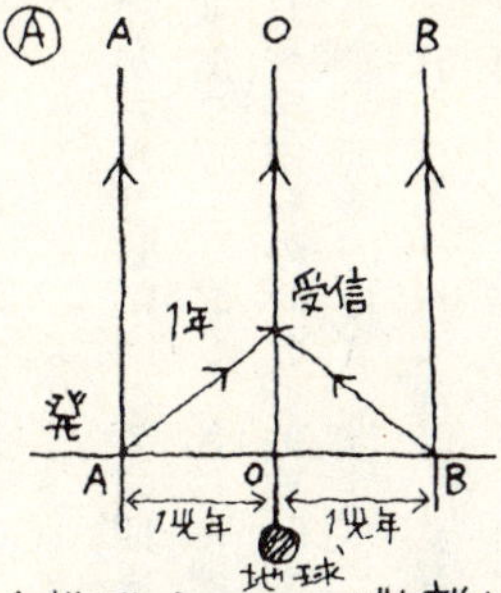

▲地球からそれぞれ1光年離れた観測基地A・Bから地球に向けて送信したデータは、ちょうど1年後に「同時」に地球に達する。

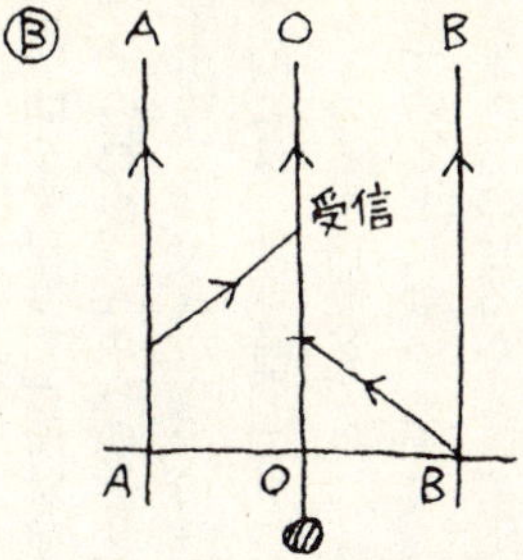

▲もし、基地Aからの信号の受信がBからのものより遅ければ、発信も「同時」ではなくAが遅れたものと考えられる。

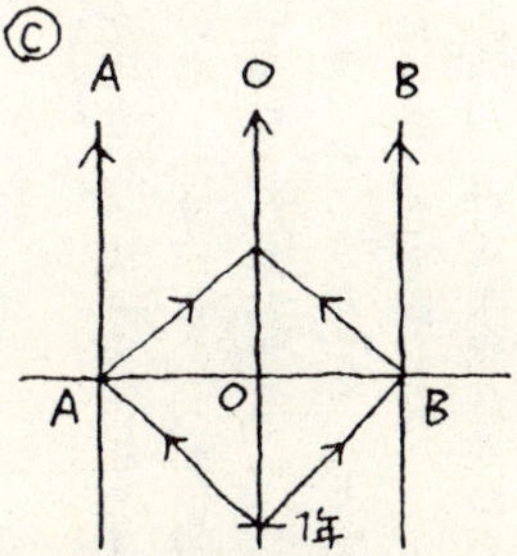

▲「時計の時間合わせのため、まず"地球からA・Bの両方の基地に向けて同期信号を送り、1年後にAとBに同期信号が到着する。これで時刻合わせをした上で、信号を受け取った瞬間に地球に向けてデータを送信する。

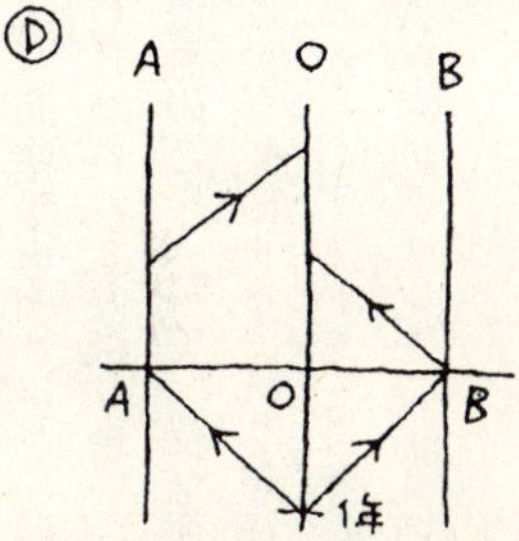

▲左と同様に時刻合わせをした上で、なおかつAからの信号の受信が遅れたとすれば、AとBからの信号は、やはり「同時」ではない。

くらでもいいのだが、光速の60％だと後の計算の数値のキリがよくなるので、この速度で考えてみることにしよう。

地球からAとBに向けて同期信号を発射したときに、高速宇宙船もすでに0・6光速の巡航速度に達しており、さらに地球のそばにいて、地球からの同期信号を受けたとしよう。すなわち宇宙船の時計も地球時間と時刻合わせがなされたとする。

その後、地球では、（地球からの同期信号を受けて）Aが折り返し送信したデータと、同じくBのデータを〝同時〟に受信する。これはさっきと同じだ。

ところが、すぐにわかるように、地球からの同期信号や観測基地からのデータ送信電波が宇宙空間を光速度で一所懸命走っている間に、高速宇宙船SはBに向けてかなり動いている。そのため、Aからの折り返し信号の方がBからのものより長い距離を走ることになり、宇宙船では、Aからの信号よりBからの信号の方を〝早く〟受信することになるのだ。

具体的には、地球時間で計って、地球でデータを受信するのは2年後だが、0・6光速で飛んでいる宇宙船Sでは、1・25年後にBからのデータを、5年後にAからのデータを受信することになる（実は、この例では、Aからのデータを受信するときには、宇宙船は観測基地Bのはるか先まで進んでいる）。

結局、地球にとっては〝同時〟に起こったようにみえる現象も、高速で航行する宇宙船

・図6-2「同時刻」の相対性…0.6光速の速度で飛んでいる宇宙船が受け取るデータは….

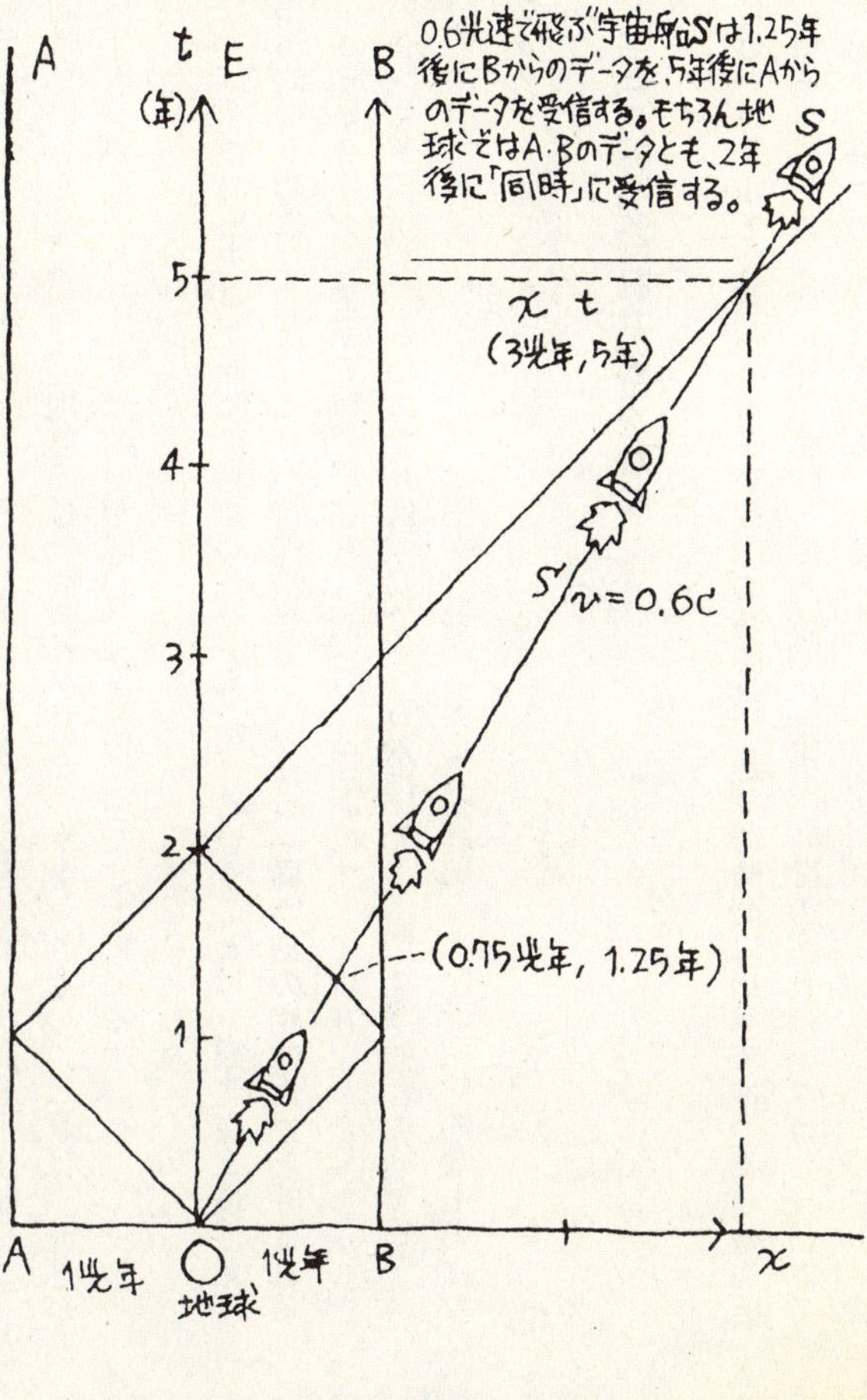

0.6光速で飛ぶ宇宙船Sは1.25年後にBからのデータを、5年後にAからのデータを受信する。もちろん地球ではA・Bのデータとも、2年後に「同時」に受信する。
A
t
(年)
E
B
S
5
x t
(3光年,5年)
4
S
v=0.6c
3
2
(0.75光年, 1.25年)
1
A
1光年
O
地球
1光年
B
x

にとっては〝同時〟ではなくなるのだ！　あるいは、その逆も言えて、高速宇宙船にとっては〝同時〟にみえる現象は、地球では〝同時〟ではないかもしれない。これは、光速が有限であり、かつ誰からみても光速度が同じだから起こったことである。

こうして、**2つの出来事が同時に起こったかどうか、ということは、観測者（慣性系）次第の相対的なものになった**。これが特殊相対論における「同時刻の相対性」と呼ばれる現象だ。さらに今までの常識では、現在と〝同時〟な場所はすべて現在だった。しかし、同時という概念が相対的なものになれば、**〝現在〟も人によって異なる**ことになるだろう。そう、〝同時〟が相対的になった今、過去・現在・未来の区別もまた、相対的なものになったのである。

「光時計」で「時間の遅れ」の謎を解く

光速に近いスピードで航行する宇宙船内の時間は、地球の時間に比べてゆっくり進むと言われている。このような（地球時間と船内時間の間の）時間のずれは、しばしば日本では「**ウラシマ効果**」と呼ばれている。

・図6-3 "1秒"光時計を高速で飛ぶ宇宙船の内と外(地球)に置いてみると…

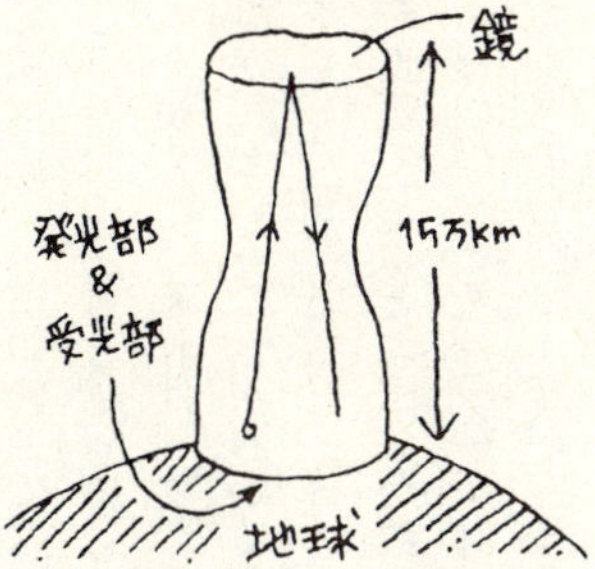

宇宙船の外(地球)で宇宙船の外にある光時計を見ていれば、光の信号が1往復するのに1秒かかる。これは、飛行中の宇宙船の中で宇宙船の中にある光時計を見ても同じだ。

しかし 宇宙船の外から高速で進む宇宙船の中にある光時計を見たとしたら……。

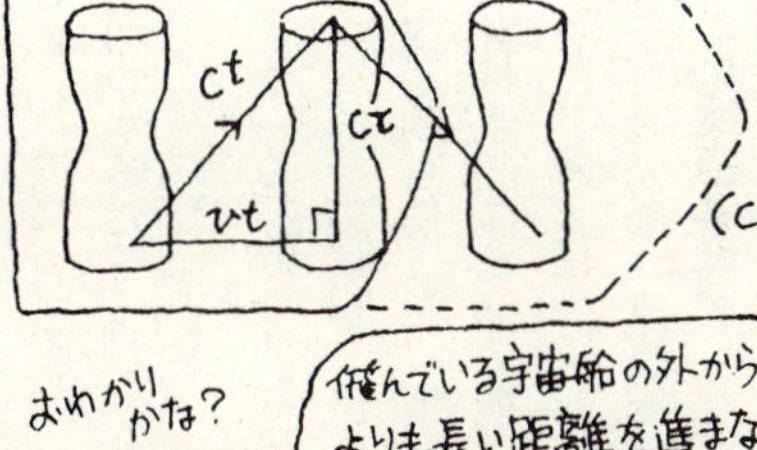

$$(ct)^2=(c\tau)^2+(vt)^2$$

飛んでいる宇宙船の外から見ると、光は上の図よりも長い距離を進まなければならない。光速度は常に同じだから、より長い距離を進むにはより長い時間がかかる。つまり宇宙船の外から見ると、宇宙船の中の光時計はゆっくりと時を刻んでいるように見えるのだ!

高速で航行する宇宙船の中では時間が遅れる、というと、すごく不思議なことのように思えるし、その説明もとても難しそうに思えるかもしれない。しかし、「光時計」というアイテムを使えば、それほど変なことではないことがわかるだろうし、むしろ逆に、何だそんな話か、ということがわかるだろう。

そもそも、時間を計るということは、(規則正しく起こる)周期的な現象を使って、繰り返し起こるできごとの回数を数えることだ。その周期的な現象が、広い意味での時計にほかならない。たとえば、柱時計は振り子の周期的な運動を使うし、地球の自転で1日が決まり、地球の公転で1年が定まるし、クォーツ時計は水晶の結晶の振動を利用している。

同じような言い方で説明すると、「光時計」は、合わせ鏡を使って光を〝振り子〟にした時計といえる。その構造はとても簡単だ。すなわち、発光部(兼受光部)と鏡が向かい合わせになっており、発光部から鏡に向けてレーザー光線が発射され、鏡によって反射されたレーザー光線がふたたび受光部まで戻ってきて検出され、そのことをもって〝光の振り子〟が一振れしたと数えるのだ。あるいは、受光部も鏡にすれば、レーザー光線は、合わせ鏡の間を、時計の振り子のように、行ったり来たりすることになる。

光時計の長さはいくらでもいいが、話を簡単にするために、長さを15万km(半光秒)にしよう(15万kmもある物体をどうやって宇宙船に置くのだ、とは言わないで欲しい。頭の中で考えてみるのだ。これこそ、いわゆる「思考実験」というヤツである)。そうすると往復の長さが30万km（1光秒）になるので、光が往復するのにちょうど1秒かかることになる（図6-3上）。長さ15万kmの時計なんてどうしてもイメージできない、というガンコ者のあなたなら、より〝リアル〟にするために、長さ15cmの「ナノ秒光時計」を考えればいい。長さが15cm（0・5光ナノ秒）のナノ秒光時計では、光が1往復するのに、ちょうど1ナノ秒＝10億分の1秒かかる。

そのような〝1秒〟光時計を、高速で航行する宇宙船の内と外に置いた状況を想像してみよう。宇宙船の外（たとえば地球）で宇宙船の外にある光時計をみていれば、光の信号が1往復するのに1秒かかる。一方、飛んでいる宇宙船の中で宇宙船の中にある光時計をみていても、やっぱり1往復で1秒かかるはずである。宇宙船の外でも中でも物理法則は変わらないだろうし、これは、あまりにも当たり前そうな話だ。これまた〝常識〟といえる。

では、ちょっと視点を変えて、宇宙船の外から、飛んでいる宇宙船の中にある光時計をみたとしたらどうなるだろうか？　宇宙船の外からみると、発光部から最初に光が出てから鏡まで光が進む間に、宇宙船は飛んでいるので、横に移動する（図6-3下）。その結果、光は斜めに進み、〝長い距離！〟を走っていることになる。鏡で光が反射してからも同じである。つまり、宇宙船の外からみると、光は（単純に往復するよりも）長い距離を進まなければならないのだ。

宇宙船の中の光速度は、宇宙船の外からみても同じなので（この点が大事！）、長い距離を進むにはより長い時間がかかる。こうして、宇宙船の外からみると、宇宙船の中の光時計はゆっくりと時を刻むようにみえるわけだ。

これが、高速で航行する宇宙船では時間が遅れる、という話のカラクリである。

ピタゴラスの定理で時間の遅れの割合を求めてみよう

具体的に、時間の遅れの式を求めてみよう。相対論だから難しい数字が必要かと思ったら、これが大間違い。中学校で習う有名なピタゴラスの定理を使えば、宇宙船内の時間が具体的にどれくらい遅れるか、という式を導くことができるのだ。とても簡単なので、ここで導いてみたい。

まずいろいろな量を表す文字として、

光速度をc
地球時間をt
船内時間をτ（タウ）
宇宙船の速度をv

としよう。また光時計の長さは半光秒でも0・5ナノ光秒でも構わないが、光信号を往復させるのは面倒なので片道だけとする（図6-3下）。

さて、宇宙船の中で宇宙船の中にある光時計をみているとき、光時計のレーザー光線が、発光部から鏡まで到達するのに、〝船内時間〞でτ（秒）だけかかったとする。光は光速度cで進むので、光時計の（もともとの）長さは、単純に速度×時間から、

になる。

次に、同じ（宇宙船の中にある）光時計を宇宙船の外からみると、先に述べたように光

線は斜めに進むようにみえる。そして発光部から出た光線が、〝地球時間〟でt（秒）かかって鏡まで達したとしよう。そうすると、斜めの長さは、光速度cと時間tを掛けて、

$$ct$$

になる。

最後に、宇宙船の外からみたときの横方向の移動距離だが、宇宙船は横方向に速度vで動くので、地球から観測する移動距離は、

$$vt$$

となる。

ここでピタゴラスの定理を使うと、図からすぐわかるように、

$$(ct)^2=(c\tau)^2+(vt)^2$$

が成り立つ。これが地球時間tと、速度vで飛んでいる宇宙船の船内時間τの関係を表す式なのだ。たったこれだけである。で、まぁ、このままでもいいが、少し整理してみよう。

まずtのついた項を左辺に移動して、

$$(ct)^2-(vt)^2=(c\tau)^2$$
$$(c^2-v^2)t^2=c^2\tau^2$$
$$(1-v^2/c^2)t^2=\tau^2$$

のようにまとめ、両辺のルートを取れば、

$$\sqrt{(1-v^2/c^2)}\,t=\tau$$

となる。こうして、あっという間に、地球時間tと船内時間τの間の関係として、

式：$t=\gamma\tau=\tau/\sqrt{(1-v^2/c^2)}$

が得られた。

ここで、

$$\gamma = 1/\sqrt{(1 - v^2/c^2)}$$

は、高速で移動する宇宙船の相対論的な効果の度合いを表すもので、「ローレンツ因子」と呼ばれている。すなわち、速度が0のときにローレンツ因子γは1だが、速度が大きくなると1より大きくなり、速度が光速cに近づくと無限大になっていくのだ（表6－1）。いずれにせよ、ローレンツ因子は常に1以上なので、船内時間τよりは地球時間tの方が大きくなり、船内時間の方がゆっくり進むのである。

具体的に、今の話を、たとえば、〝同時〟のところで考えた、0・6光速で飛行する宇宙船に適用してみよう。宇宙船の速度が0・6cのとき、ローレンツ因子は、1・25になる。すなわち、宇宙船がBからのデータを受信するのは、地球時間では1・25年後だが、船内時間では1年後である。またAからのデータを受信するのは、地球時間では5年後だが、船内時間では4年後になる。

・表6-1 ローレンツ因子：高速で移動する宇宙船の相対的な効果の度合い

速度 v	ローレンツ因子γ	船内時間τ	地球時間t
0	1	1年	1年
0.1	1.005	1	1.005
0.2	1.021	1	1.021
0.3	1.048	1	1.048
0.4	1.091	1	1.091
0.5	1.155	1	1.155
0.6	1.250	1	1.250
0.7	1.400	1	1.400
0.8	1.667	1	1.667
0.9	2.294	1	2.294
0.99	7.089	1	7.089
0.999	22.366	1	22.366
0.9999	70.712	1	70.712
0.99999	223.61	1	223.61
0.999999	707.11	1	707.11

時間の遅れというと、ややこしそうだが、今みたように、定性的には（そして定量的にも）ごく初等的な幾何学で説明できる話なのだ。

時間の遅れは実証されている

相対論的な効果というと、実証するのが難しいように思えるが、この時間の遅れの効果は、実際に、さまざまな実験でも検証されている。たとえば、宇宙空間から飛来した宇宙線が地球大気中の原子核と衝突したときに発生する、ミューオンと呼ばれる素粒子の「寿命」がその証拠のひとつだ。

このミューオンは非常に不安定な素粒子で、

平均寿命は約1・5マイクロ秒しかない。すなわち約1・5マイクロ秒経つと、ミューオンの半数が崩壊するのである。

さて宇宙線と原子核の衝突によって発生したミューオンは、ほぼ光速に近い速度で飛翔している。したがって、もし時間の遅れの効果がなければ、ミューオンの平均的な飛行距離は、光速×平均寿命＝450mほどしかないはずである。ところが、はるか上空（だいたい高度20㎞ぐらい）で発生したミューオンが、地球大気の数十㎞を走り抜け、地上まで到達しているのである。すなわち、高速で飛ぶミューオンの寿命が延びているのだ。

これらの素粒子の寿命の延びは、今は地上でも測定されている。たとえば、日本だと、筑波学園都市に大型加速器があるし、最近では播磨科学公園都市にSPring-8（Super Photon ring-8GeV）と呼ばれる放射光施設が稼働している。これらの巨大加速器を用いた素粒子実験でも、素粒子の寿命が延びていることは実証されているのだ。というより、シンクロトロン加速器などでは、相対論的な効果を考慮しなければ、加速器自体が設計できないのだ。ちなみに後者の、SPring-8では、周囲1436mの蓄積リングと呼ばれる環状の装置に8GeV（80億電子ボルト）という高いエネルギーの電子を蓄えることができる（名前の8はエネルギーの値を表す）。

双子のパラドックスとウラシマ効果

ここで、冒頭の「ウラシマ効果」に話を戻そう。ウラシマ効果は、英語圏では、「双子のパラドックス」と呼ばれることが多い。

これは以下のようなことだ。

地球からみたとき、亜光速で航行している宇宙船の時間は地球時間より遅れる。このことは実験的にも実証された事実だ。そこで以下のような状況を考えてみよう。

双子の姉妹、静子と翔子がいて、静子は地球に残り、翔子は亜光速の宇宙船に乗って宇宙の彼方まで往復旅行をしたとする。静子からみて翔子は高速で運動していたので、時間がゆっくり進み、寿命が延びる。したがって、静子と翔子が再会したときには、静子より旅をしてきた翔子の方が若いままだろう。

いや、ちょっと待った。運動は〝相対的〟なものだから、宇宙船からみたら地球が往復運動したと考えることができるのではないだろうか。すなわち宇宙船に乗っている翔子からみたら、静子の時間の方が遅いようにみえて、だから若いのは静子の方ではないのか？

いったい、歳を取らないのは、静子と翔子のどちらなんだ。

——これが有名な「双子のパラドックス」である。

この問題は、実際、ずいぶん多くの研究者を悩ませてきたのだが、現在では完全に解決している。この論理のごまかしは、地球と宇宙船が、まったく相対的で同等だ、という点にあるのだ。

たしかに、宇宙船が一定の巡航速度で飛んでいる間は、地球と宇宙船とは、お互いにまったく同等な慣性系である。宇宙船が運動を続けている間は、どちらから見ても、相手の時計が遅れているようにみえるだろう。しかし、目的地で宇宙船が向きを変えるときには、必ず、減速と加速という段階を伴わなければならない（地球から出発するときや、地球に帰還するときにも）。この加速（減速）段階では、宇宙船には力が働くので、宇宙船は地球と同等な慣性系ではなくなるのだ。この効果を考えると、歳を取らないのは、結局、翔子の方なのである。

そして、宇宙船が非常に遠くの天体を往復したときには、宇宙船の中では10年ぐらいしか時間が経っていなくても、地球では何千年何万年と経ってしまっていることだろう。帰還したときにはすでに、生まれ育った村も町もなく、文化も言葉も変化しているかも知れない。……ちょうど竜宮城から浦島太郎が戻ったときのように。**亜光速宇宙船で宇宙旅行をしてきた〈星からの帰還者〉翔子の出会う悲劇的な状況。**それが「ウラシマ効果」なのである。

余談だが、ウラシマ効果というのは、明らかに日本で作られた言葉だ。おそらくSF業界で出てきたものだろう。最初に言い出したのが誰かは知らないが、少なくともSFの業界の外に広くひろめたのは、SF相対論的な現象をわかりやすく解説する草分けである、石原藤夫氏であろう。ウラシマ効果のネーミングは、外国でも関心が高く、電子メールで質問が来たこともある。実際、〝双子のパラドックス〟は、あくまでも相対論的な効果の論理的な矛盾に対してついた名前で、一方、〝ウラシマ効果〟は、そこに、感性的・情緒的なものがあるように思えるのは、ぼくだけではなかろう。

「原子の力を解き放ったことで、私たちの思考様式を除いてなにもかもが変わってしまった。かくして、私たちは前例のない破局に向かってふらふら流れていく。」(＊1)

subject 7

最も有名なアインシュタインの式——$E=mc^2$

E=mc²は有名な式だ
シンプルな式は美しい…
E=mc²
で、どういう意味なの？
エネルギーEは質量にかわれるし質量はエネルギーにかわれるってことさ
エナジ
しつりょ
うーん？
ああ、運動してエネルギーつかうと体重が減る、と
質量ーエネルギー
ちがう！

じゃあ沢山食べると元気になる、と
質量→エネルギー
ジュ
ちがう!
とても小さい質量が大きなエネルギーにかわれるかもしれないってことだ。
ブババ
ババ
わかった!小さい人でもおこらせるとこわい、と
ブババババ
ナニヲスルー
いーかげんにしなさいっ!

世界をひっくり返した式

アインシュタインの相対論から導かれた結論の中には、世界をひっくり返すほどにそれまでの常識を変えてしまったモノも少なくない。そのひとつが、アインシュタインの式として知られる有名な関係式だ。この式は、後に核爆弾の開発へとつながったという点で、文字どおり世界をひっくり返した式である。アインシュタインの式が登場する以前と以後とでは、世界は変わってしまったのだ。

話は急に変わるようだが、数年前に超ブレークしたSFアニメ『新世紀エヴァンゲリオン』の話をここで少ししてみよう。アニメ自体は見ていなくても、名前を聞いたことのない人はいないだろう。キャッチコピー風に表すと、

汎用人型決戦兵器エヴァンゲリオン
襲来する正体不明の敵、使徒
人類補完計画の意味は
そして……

この『新世紀エヴァンゲリオン』は、西暦二〇〇〇年九月に南極で起こった謎の大爆発〈セカンド・インパクト〉によって、主要都市が水没した十五年後の世界が舞台である。世界は国連の統治下に置かれているが、日本には、使徒襲来が予想される神奈川県の箱根付近に、使徒迎撃用の要塞都市・第3新東京市が建設されている（東京都区内はほぼ水没し、日本の新首都は松本に遷都して第2新東京市と呼称されている）。第3新東京市の地下には、ジオフロントと呼ばれる球形の地下空間が存在していて、そこに、人類を使徒から守るために組織された国連直属の組織ネルフ（NERV）本部も置かれている。ネルフでは、人型決戦兵器エヴァンゲリオンを開発し、そのパイロットとしては、碇シンジ、綾波レイ、惣流・アスカ・ラングレーらがいるのだ。

さて、第六話「決戦、第3新東京市」では、強力なAT（absolute terror）フィールドを展開して攻守ともに完璧な能力を備えた第5の使徒ラミエルが登場する。第3新東京市に襲来したラミエルは、ネルフ本部へ侵攻をはかる。ネルフ作戦部の葛城ミサトは、ATフィールドを撃破するために、戦略自衛隊からポジトロンライフルを徴用し、（さらにそれを改造した陽電子砲で）ラミエルを超長距離射撃するという「ヤシマ作戦」を立案する。そして日本中の電力をすべて結集して超長距離射撃が実行されるが、第一射は失敗。エヴァ零号機が身を挺して守る間に再チャージし、第二射を放って、ついにラミエルを撃破するのである。

おっとっと、あらすじをVTRでチェックしているうちに、つい熱くなってしまった。まぁ、エヴァの話はともかく、この話の中で出てくる、日本中の電力を必要とするとされたポジトロンライフルこそは、実はアインシュタインの相対論の産物なのだ。

最も有名な方程式

$E=mc^2$（イー　イコール　エムシーじじょう）

〝質量はエネルギーと等価である〟

アインシュタインが相対論を言い出した当時はともかく、今では、たいていの人が耳にしたことがある話だろう。実際これは、相対論のさまざまなコンセプトの中でも、ブラックホールと並び、もっともよく知られたコンセプトだ。また冒頭のアインシュタインの言葉にあるように、当時は誰にとっても耳慣れない概念だったにせよ、現代では、とくに人類が核爆弾を手にした現代では、この方程式の現実性は疑いの余地もない。そう、$E=mc^2$——アインシュタインの式——は、おそらく自然科学のさまざまな基本方程式の中で、もっとも有名な方程式なのである。

といってもピンと来ないと思うので、具体的な数値を少し当たってみよう。国際単位系SIでは時間はｓで、長さはｍで、質量はkgで、そしてエネルギーはＪ（ジュール）で測る。光速は30万km／ｓ（3億ｍ／ｓ）なので、アインシュタインの式から、１kgの質量は、

$$1\times 3億\times 3億=9\times 10^{16}\text{J}\ (9京\text{J})$$

に等しい。さて、それでは、これはどれぐらいのエネルギーに相当するのだろうか？

たとえば、体重60kgの人が地上で１ｍの段差を飛び降りたときの落下のエネルギーは、６００Ｊである。また狭い部屋にたくさんの人が集まるとムンムンしてくるが、ふつうの人が１秒間に放射する（熱）エネルギーは、だいたい１００Ｊほどである（つまり人は１

00Wの電球と同じ!?)。だから人が1日に放射するエネルギーは、およそ900万Jほどということになる。

雷のエネルギーが、約100億Jぐらいだそうだ。地球のまわりを周回している500kgぐらいの人工衛星の運動エネルギーや位置エネルギーが、ちょうど同じぐらいである。

さらに、広島型原爆（15キロトン）のエネルギーが約60兆J（6×10^{13}J）で、ビキニ水爆（15メガトン）のエネルギーが約6京J（6×10^{16}J）になる。このあたりでやっと、右の値に近くなってきた。

そう、つまり1kgの質量の物質は、アインシュタインの式によれば、人類が生んだ最大の破壊的エネルギーに等しいぐらいのエネルギーをもっているということになるのだ。

アインシュタインの式を導いてみる!

相対論のさまざまな性質は、どれもが簡単に導けるというわけではないが、中には時間の遅れのように、比較的たやすく導けるものもある。実を言うとアインシュタインの式も、高校で習う〝質量保存の法則〟と〝運動量保存の法則〟だけを使って導くことができるのだ。以下では、一九四六年にアインシュタイン自身が行った初等的証明にもとづいて、ア

・図7-1 アインシュタインの式：$E=mc^2$を導くための思考実験

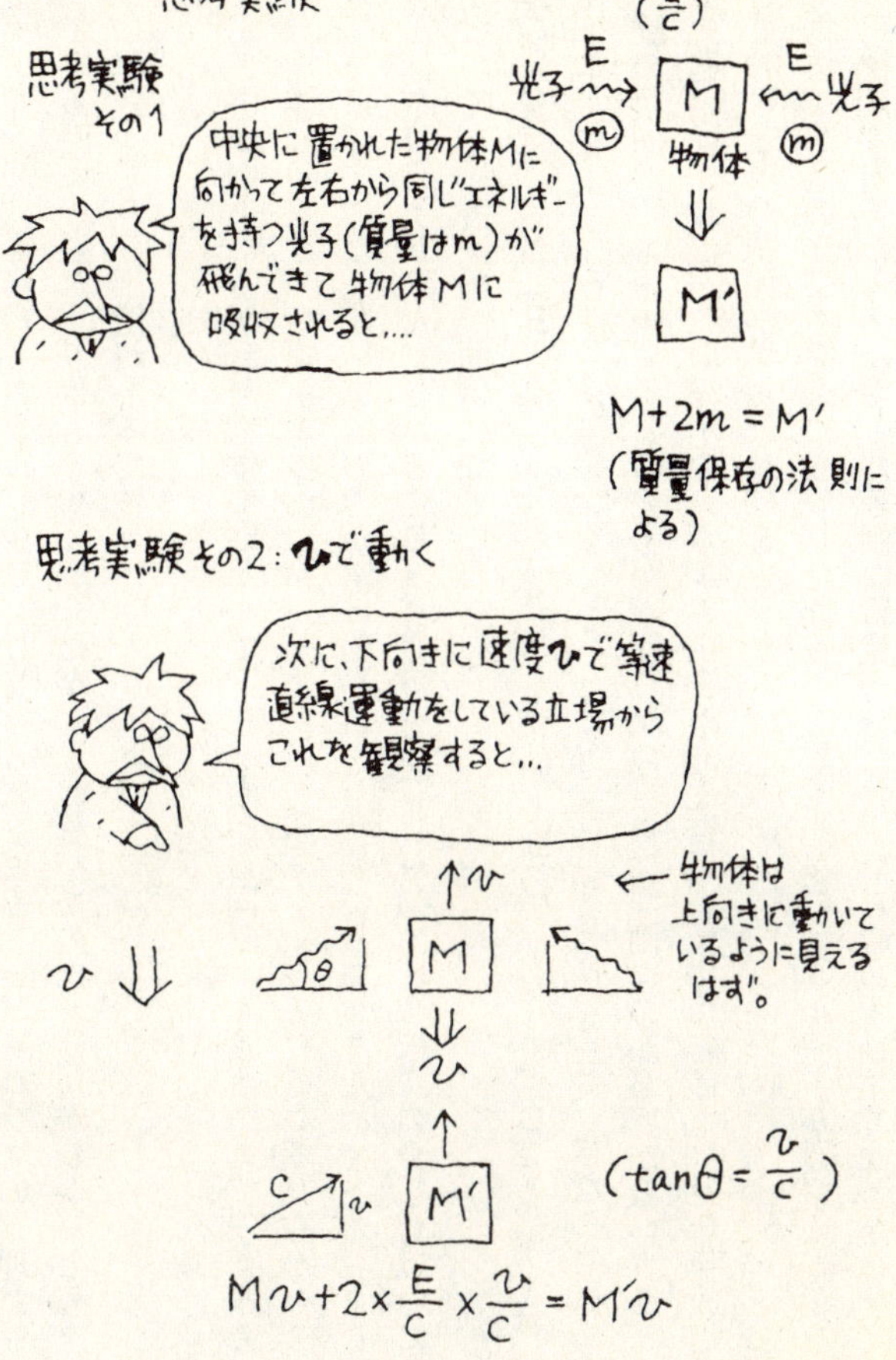
思考実験その1
中央に置かれた物体Mに向かって左右から同じエネルギーを持つ光子(質量はm)が飛んできて物体Mに吸収されると….
(E/c)
E
光子
m
M
物体
E
光子
m
M′
M+2m=M′
(質量保存の法則による)
思考実験その2：vで動く
次に、下向きに速度vで等速直線運動をしている立場からこれを観察すると…
v
θ
M
v
物体は上向きに動いているように見えるはず。
v
c
v
M′
(tanθ=v/c)
Mv+2×E/c×v/c=M′v

インシュタインの式を導いてみよう。少しだけ文字と式を使うし、ピタゴラスの定理だけで証明できる時間の遅れよりはもう少し厄介だが、しかし、あの $E=mc^2$ がわかると思えば、少し頑張ってみる価値があるだろう。

さて、まずは中央に置かれた物体に向かって、左と右から同じエネルギーの光子が飛んできて、物体に吸収される現象を思い浮かべて欲しい（図7-1）。わざわざ左右から2個の光子を飛ばすのは、左右方向の力が常に釣り合った状態にしておくためである。もし、左から1個だけ光子が飛んできたとすると、光子を吸収した物体は、ほんの少しだけ右に動き出すので、思考実験が面倒になるのだ。

物体の質量は、質量（mass）の頭文字を取ってMとしよう。光子1個のエネルギーは、同じくエネルギー（energy）の頭文字からEとする。今、知りたいこと、すなわちこの思考実験の目的は、エネルギーEの光子が、何らかの質量に等価なのかどうかということである。言い換えれば、この光子のエネルギーEがある質量（仮にmと置く）に等価だと仮定して、Eとmの関係が得られればよい。

さて物体が2個の光子を完全に吸収したなら、そして光子のエネルギーが質量に転化したなら、物体は光子のエネルギーに等価な質量の分だけ、ほんのわずか重くなったはずで

ある。そこで（2個の）光子を吸収した後の物体の質量をM′とすると、**「質量保存の法則」**から、

物体の最初の質量＋光子の等価質量＝吸収後の物体の質量——つまり、

$$M+2m=M'$$

が成り立つ。

ここまでは、まぁ、いいだろう。

次に、まったく同じ現象を別の慣性系から眺めてみる。具体的には、下向きに速度vで等速直線運動している立場で、光子の吸収を観測してみる。下向きに動くシステムからみると、物体は上向きに動いているようにみえるだろう。しかも、光子を吸収する前も吸収した後も、上向きに速度vで動いているようにみえる。これは別に問題ない。

ここで、今度は、上下方向での**「運動量保存の法則」**というものを考えてみよう。運動量というのは、運動の勢いを表す量で、投球を例にとると、軟式野球のボールよりは重い硬式野球のボールの方が運動量は大きく、同じボールならスピードの速い方が運動量は大きい。だから、運動量とは、直感的には、球を捕るキャッチャーの痛さのようなものとい

えよう。

具体的には、質量Mの物体が速度vで動いているときの運動量は、Mvと定める（動いていなければ、v＝0なので、運動量も0である）。

物体が光子を吸収する現象を、静止した状態で観測しているとき、物体は（上向きに）動いていないので、上向きの運動量は、光子を吸収する前も吸収した後も0である。したがって、光子を吸収する前と後での、運動量の変化はない。すなわち（0＝0ではあるが）運動量は保存されている。

一方、下向きに速度vで動いているシステムから観測したとき、物体は上向きに速度vで動いているようにみえるので、（動いているシステムからみた）物体の運動量は、

$$Mv$$

と観測される。物体が光子を吸収した後は、質量はM′になったが速度はvのままなので、（動いているシステムからみた）上向きの運動量は、

$$M'v$$

と観測される。速度vは同じで、質量はM′の方がMより大きいから、光子を吸収した後の方が（吸収する前よりも）運動量が増えていることになる。でも、静止したシステムで見たときは、（上向きの）運動量の変化はないのだから、これはおかしな話だ。では、余分の運動量はどこから来るかというと、光子が運んできたと考えざるを得ない。そう、物体に吸収された光子が（上向きの）運動量を増やしているのである。

物体の場合には、先に書いたように、質量と速度の積が運動量になる。しかし、光子は、質量はないし、速度はいつも光速である。では、光子は、どれだけの運動量を運ぶのだろうか？

実は、光子のように光速で飛ぶ粒子の運動量は、そのエネルギーを光速度で割ったもの、

$$E/c$$

になることがわかっている。つまり、光子のエネルギーが大きいほど運動量も大きくなるのである。

さてこの関係を使って、先の話を検討してみよう。静止したシステムからみたとき、光

子は真横に飛んでいるので、運動量も真横の成分だけである。しかし、下向きに動くシステムからみると、光子は少しだけ上向きに飛ぶようにみえる。これは、先にも出た、「光行差」と呼ばれる現象である（下向きの進行方向に対しては、光子は前方からやってくるようにみえる）。この斜め上向きに飛んでくる光子は、上向きの運動量を少しだけもっていて、物体に当たって吸収されるときに、物体を少し上向きに押す。これがさきほどの物体の運動量の変化で帳尻の合わなかった部分である。

具体的にいくらになるかというと、光子1個の運動量はE／cだが、これがそのまま物体に与えられるわけではない。というのは、光子は斜めに動いているからだ。光子は光速度cで飛び、物体は速度vで動くので、光子が水平方向にcだけ進んだとき、上下方向にはvだけずれる。そこで直角三角形の相似から、上向きの運動量の割合は、光子の運動量のうちのv／cになる（厳密に言えば、ここではvがcより充分小さいことを使っている）。結局、2個の光子が物体に与える上向きの運動量は、

$$2\times(E/c)\times(v/c)$$

になる。

この光子の寄与を含めると、下向きに動くシステムから観測した、物体の上向きの運動量の保存は、物体の最初の運動量＋光子が与えた運動量＝吸収後の物体の運動量——つまり、

$$Mv+2(E/c^2)v=M'v$$

と表されることになる。

これでやっと役者が出揃った。後は式をちょこっと変形するだけだ。まず、運動量の保存の式のすべての項にvがついているので、全体をvで割ると、

$$M+2(E/c^2)=M'$$

が得られる。ここで、先の質量保存の式（M＋2m＝M′）を使ってM′を消去すると、

$$M+2(E/c^2)=M+2m$$

となる。さらに両辺からMを消去して、

$$2(E/c^2)=2m$$

$$E/c^2=m$$

$$E=mc^2$$

という風に、後はトントントンとアインシュタインの式が出てきた。

今述べたことは、厳密に言えば、エネルギーEを持った光子が何らかの質量に等価だとすると、その等価な質量mの値は、

$$m=E/c^2$$

になりますよ、ということである。しかし、今の思考実験の逆、すなわち、物体から2個の光子が飛び出した現象を思い浮かべれば、質量mが何らかのエネルギーに等価だとする

と、その等価なエネルギーEの値は、

$$E = mc^2$$

になることも証明できる。

ところで、質量保存の法則も、運動量保存の法則も、光行差でさえ、相対論の出現する前から知られていた古典的な法則だ。では、今の証明の中で、特殊相対性理論はどこに使われていたのだろう。

ひとつは、静止しているシステムからみても、速度vで下向きに動いているシステムからみても、光速度cは一定であるというところ（光速度不変の原理）。もうひとつは、どちらのシステムでみても、質量保存の法則や運動量保存の法則など、同じ物理法則が成り立つというところだ（特殊相対性原理）。

こうやってみてくると、特殊相対性理論というのは、まったく新しい物理法則を提案したものではないことがわかる。むしろ相対論以前の物理学に対する、ある意味では、ちょっとした発想の転換にすぎないのだ。そしてその発想の転換こそが、アインシュタイン以前の誰にもなし得なかった、あまりにも大きな転換でもあったのだが。

太陽を手なずける

今までに人間が発明した中で、もっとも恐ろしい発明が核爆弾であることに、誰も異論は唱えないだろう。もっとも核爆弾といっても、大ざっぱには、原爆と水爆に分けられる。原爆（原子爆弾）は、ウランやプルトニウムといった重い原子核が、より軽い原子核に分裂する際に**（核分裂）**、ほんの少しだけ質量を失って、莫大《ばくだい》なエネルギーを発生するものである。一方、水爆（水素爆弾）は、逆に、水素などの軽い原子核が集まって、ヘリウムのような、より重い原子核にまとまり**（核融合）**、その際に、質量のごく一部が莫大なエネルギーに変換するものである。

原爆にせよ水爆にせよ、核爆弾の原理をたどれば、アインシュタインの式に行き着くことは事実だ。核爆弾の開発は、現代の人類が行った最大の愚行のひとつであるかもしれない。しかし、だからといって、その責任（の一端）を、たとえばアインシュタインの式に背負わせるのは、これはチト酷なことだと思う（冒頭の言葉のように、アインシュタイン自身は、責任を認めているが）。何故ならそれは、ピストルの弾が人を殺傷するのは、ニュートンが運動の法則を発見したからだ、というようなものだからだ。

というより、むしろ、人類の思い上がりも甚だしいと言うべきかも知れない。アインシュタインが$E=mc^2$を導いたから核爆弾ができたんだ、なんてことを言えば、アインシュタインが信じた神、自然の神は、人類の驕《おご》りをせせら笑うに違いない。というのも、自然は、人類の生まれるよりもはるかに昔から、核の炎を灯《とも》しているからだ。しかも、人類は、核融合はもとより、核分裂でさえ、まだ完全にはコントロールできていない。しかし自然は、まったく無意識のうちに、安定な核融合を実現させ、核融合の炎で暗黒の宇宙を照らし出しているのだ。それは宇宙に輝いている数多《あまた》の星であり、そして太陽である。

太陽の中心は約2000億気圧、約1000万度の超高温・超高圧状態で、そこでは、4個の水素が1個のヘリウムに変換する核融合反応が起こっている。星の中心でも同じだ。ヘリウム原子1個の質量は、4個の水素原子の質量をあわせたものよりも、わずかに小さい。4個の水素原子の質量全体の約2・9%、水素原子1個当たりにすると、その0・7%だけ小さい。言い換えれば、水素がヘリウムに変換する核融合反応によって、1個の水素原子の質量の0・7%が失われてしまう。いや、失われるという言い方は正しくない。0・7%の質量が、アインシュタインの式にしたがって、エネルギーに転化しているのである。

具体的には、太陽の中心では、毎秒6億トンもの水素がヘリウムに変わっている。すなわち、6億トン×0・7％＝420万トンもの物質が、エネルギーに変換しているのだ。これは電卓を叩くのもイヤになるぐらい膨大なエネルギーである。

しかも、太陽や星の中心で起こっている核融合反応は、きわめて安定に持続している（もしそうでなかったら、とうに爆発してしまっているはずだ）。もし中心の核融合反応が暴走しかけて、温度がカーッと熱くなると、圧力が上昇して中心部分が膨張するだろう。その結果、中心は断熱膨張で温度が下がって、反応が下火になるからだ。逆に、温度が下がりすぎると、圧力が減少して中心部分が収縮し、その結果、断熱圧縮で温度が上がって、反応を盛り返すのである。便利な仕組みになっている。

宇宙の電子・陽電子対消滅

太陽や星の中心では核融合反応が起こっていて、アインシュタインの式のとおりに質量がエネルギーに変換している。しかし、これで驚いてはいけない。宇宙では、もっともっと極端な形で、質量とエネルギーの転換が起こっている。究極の転換、それは「対消滅」と呼ばれるものだ。電子・陽電子対消滅について、少し紹介しよう。

電子は、よく知られているように、負の電荷を帯びた基本素粒子のひとつで、陽子や中性子と共に原子（物質）を構成している。身のまわりの種々の変化を引き起こす化学反応の担い手であり、また電流が＋から－に流れるのは電子が－から＋へ移動するためだ。

一方、電子の反粒子である陽電子は、正の電荷を帯びた素粒子で、電荷以外の、質量その他あらゆる性質は電子と同じである。2つの水素が融合して重水素が生じる反応で生まれたり、原子核の陽電子崩壊で生じたりするが、自然界には通常は存在しない粒子である。陽電子は、カール・アンダーソンが、一九三二年、宇宙線中にはじめて発見した。

さて、もしたまたま電子と陽電子が出会うことがあると、それらは消滅して物質としての相を失ってしまう。そしてアインシュタインの式にもとづき、もとの質量がすべてエネルギー（光）に変わってしまうのだ。これが**「電子・陽電子対消滅反応」**である。

具体的には、電子と陽電子の対消滅によって一般的には2個の光子ができるので、光子は電子1個分の質量に相当するエネルギーをもつことになる。素粒子のエネルギーは電子ボルトという単位で測ることが多いのだが、その単位では511キロ電子ボルトという値になる（10兆分の1Jぐらい）。これは非常に小さいみたいだが、光子のエネルギーとしては大きな方で、可視光線やX線よりもエネルギーが高く、γ線になる。したがって多量の電子と陽電子が対消滅すると、γ線の511キロ電子ボルトのエネルギーのところにピークを持つスペクトル線が生じるのだが、この特徴的なスペクトル線を「対消滅線」と呼んでいる。

日常的な身のまわりの世界では、そもそも陽電子が存在しないので、電子・陽電子の対消滅も起こりようがないが、宇宙ではそうでもないらしい。というのも、太陽フレアやかにパルサーや遠方の活動銀河中心核など、宇宙の各地で、電子・陽電子の対消滅を表す511キロ電子ボルトの特徴的なスペクトル線が見つかっているのだ。そしてまた、われわれの銀河系中心でも電子・陽電子対消滅源が見つかっている。

銀河系の中心で電子・陽電子の対消滅が起こっていることは、一九七〇年代から知られていた。すなわち気球に搭載されたγ線検出器で銀河系中心方向を観測した結果、511キロ電子ボルトの特徴的な対消滅線が検出されたのだ。γ線の強度は1平方メートル当たり毎秒光子10個ぐらいで、銀河系中心までの距離から見積もると、毎秒100億トン（10^{43}個）もの陽電子が消滅していることになる。このγ線強度は1年以下のタイムスケールで大きく変化しており、そのことから対消滅源の大きさは1光年以下と推測される。完全に確定したというわけではないのだが、銀河系中心付近に位置する1E1740-2942と呼ばれるX線源が、この対消滅線の発生源だと推測された。

この対消滅源1E1740-2942の本体は、太陽の10倍から100倍程度の並のブラックホールらしい。このブラックホールには、おそらく周囲の星間ガス雲からガスが降り注いできている。周囲の空間からブラックホールに降り注いできたガスは、ブラックホールの強い重力のために激しくぶつかり合い、ブラックホール近傍では非常に高温のプラズマ状態になっていき、ときどき爆発的に電子と陽電子が生成されるのだろう。すなわちプラズマ内では、陽子と電子、電子と電子、陽子と光子、電子と光子、そして光子と光子の間の衝突が頻繁に起こっているが、プラズマの温度が約60億度を超えると、このような衝突によって電子と陽電子が生成されるようになる。その際、電子と陽電子は必ず対で生成されるので、「電子・陽電子対生成」と呼ばれる。そして生成された高エネルギーの電子と陽電子は、ジェットの形でまわりの星間ガス雲に打ち込まれる。電子と陽電子は、ほとんど光速で3年間ぐらい走った後で減速され、高密度で低温の星間ガス中で対消滅するのである。

ポジトロンライフルの威力

ところで、冒頭の『エヴァ』で使われたポジトロンライフルの攻撃力はどれくらいだろうか？　ちょっと見積もってみよう。

ポジトロンライフルを撃つためには、日本中の電力をすべて結集しなければならなかった。日本の（一次）エネルギー供給量は、一九九四年の段階で、５３３９兆キロカロリーほどである（内訳：石油50％、石炭15％、天然ガス13％、原子力16％、水力・地熱・新エネルギー６％）。これが二〇一〇年（見通し）では、６１００兆キロカロリー＝２・６×10^{19}Ｊになるだろう。もしポジトロンライフルを再チャージするのに（すなわち必要な陽電子を貯めるのに）１分かかったとすると、その間に日本全国から供給されたエネルギーは（１分当たり）４・９×10^{13}Ｊ＝49兆Ｊになる。

これは最初にも出てきた広島型原爆とだいたい同程度だ。ただし核爆弾やＮ２地雷は爆発力が拡散してしまうが、ライフルの威力は一点集中型なので、同じエネルギーでも効率がずっと高いはず。ちなみに、ポジトロンライフルで射出される陽電子の総質量は０・５４４ｇほどで、陽電子の総個数は６×10^{26}個程度だ。

アインシュタインの式の意味

この章ではアインシュタインの式について、長々と述べてきた。今では、地上の世界から宇宙まで、自然界のあらゆる場所で、アインシュタインの式に則《のっと》った具体例が知られている。では、この式の本質は、何処《どこ》にあるのだろうか？　それは、**まったく異質なモノの組み合わせ**という点だと、ぼくは思う。

アインシュタインの式は、質量とエネルギーの間の関係を表している。しかし、アインシュタイン以前、〝質量〟と〝エネルギー〟とは別の存在形態だった。

すなわち、まず、物質の属性として、**〝質量〟**というものが存在する。質量は勝手に増えたり減ったりしない（質量保存の法則）。ふたつの物質を合わせると、全体の質量はそれぞれの質量の和になる（加算性）。物体の質量が大きいほど、力を加えたときに、押したり引いたりしにくくなる（慣性質量：ニュートンの運動の第2法則）。また物体の質量が大きいほど、物体に働く重力も大きくなる（重力質量：ニュートンの万有引力の法則）。などなど。

一方、物質・非物質に共通に、ある種の勢い（活力）を示す属性として、**〝エネルギー〟**というものが存在する。最初の頃は、エネルギーといっても、運動エネルギーとか位置エネルギーとか、いわゆる力学的エネルギーが知られていて、それらの総和が変わらないことが経験的にわかっていた（力学的エネルギー保存の法則）。しかしそのうち、測定技術などが向上し精密な実験ができるようになると、力学的エネルギーの保存が成り立たないことがわかった。そして、エネルギーには、力学的エネルギー以外にも、熱エネルギーとか光エネルギーといったように、いろいろな形態があって、エネルギーの形は変わり得るのだが、さまざまな形のエネルギーすべての総和が変わらないことがわかった（エネルギー保存の法則）。

質量とエネルギーの性質について、以上のようなことは、アインシュタイン以前からすでに知られていた。そして質量とエネルギーは別モノで、それぞれ質量保存の法則とかエネルギー保存の法則とかが成り立つことを、人々は知っていたのである（もっとも、質量とかエネルギーとかの本質について、ぼくたちが識っていたわけではない。そしてそれは現在でも同じであろう）。

そして、アインシュタイン。特殊相対性理論の驚くべき帰結――質量はエネルギーに転換できる、あるいはまたエネルギーは質量に転換できる!!　それまで異質だった質量とエネルギーが、アインシュタインの式によって結びついたのである。そこには、ワインと日本料理を組み合わせたような発想の転換がある。

アインシュタインは、特殊相対性理論で物質や光の入れ物である時間と空間を統一し、〝時空間〟にしてしまったのだが、さらに入れ物の中身である物質（質量）と光（エネルギー）も統合してしまったのである。その結果、ニュートン力学では、質量保存の法則・運動量保存の法則・エネルギー保存の法則というあわせて5本の式で表されていた基本的な保存法則が、エネルギー運動量の保存という、たった一本の方程式にまとめ上げられた。

そして、これこそが、すべての理論の合一へ向けての第一歩だったのである。

「目の見えないカブトムシは球の表面をはっているときでも、
自分が歩んできた道筋が曲がっていることに気がつかない。
私がそれを突きとめたのはじつに幸運だった。」(＊1)

subject 8

時空のカタチ
——曲がった空間

空間がまがっているってなんのこと?
まっすぐ
まっすぐ…
「球体の上を歩く虫は自分が歩いてきた道がまがっていることに気がつかない。」
サクッ
ザクッ
なーんていわれても全然ピンとこないっす
地面
スケールの問題なんじゃよ われわれが小さいから気がつかない
スケール、ですか

巨人の立場になればほーーれ
地面はたいらなんじゃないのかー!?
われわれが小さな星の上に立ったと考えれば……
ザリザリ
あ、なんかわかりかけてきたかも!
ゆがんだ三角形
ヒック
だから俺っちの作った家はゆがんでると。
ごちゃごちゃいわないで〜

球面世界の住人たち

5章から7章では、主として特殊相対論に関する宿題を考えてきた。ここからいくつかの章では、ブラックホールを代表とする、一般相対論についての宿題を考えていきたい。光速に近い世界で起こる現象に比べると、曲がった空間なんてのは、ますます取っつきにくい感がある。しかし、常識を捨て発想を転換することが、理解するための重要な鍵である点は同じである。ではまず、重力=時空の幾何学とは、何なのだろうか?

一般相対論では、時空はもはや平坦ではなく、質量の存在によって変形するモノとして扱われる。いわば曲がった時空を考えるわけだが、いきなり空間が曲がっていると言ってもわかりにくいので、まずはわれわれの住んでいる地球の表面について〝復習〟しておこう。地球の表面も、ある意味では〝**曲がった空間**〟なのだ。

大地は丸い。われわれの住んでいる地球は、半径約６４００㎞の球体（グローブ）だ。世界最高峰のエベレストの高さが８㎞ちょい、最も深いマリアナ海溝でさえ１０㎞かそこらだから、地球の半径に比べれば、１０００分の１か２ぐらいしかない。卓上の地球儀ぐらいのサイズだと、地球の表面はほとんど凹凸のないのっぺりした球面になるだろう。

地球のサイズから比べたら、身長２ｍ前後のヒトなど、目に見えない芥子《けし》粒のようなものだ。だから、ヒトはよく、地球という惑星《ほし》の表面に巣くう寄生体《パラサイト》だと言われることがある。地球にとって、ヒトが寄生体《パラサイト》なのか、共生体《シンビオント》なのか、それとも一時的なお客《ゲスト》なのか、通りすがりの旅人《トラベラー》なのかは知らない。しかし、この地球の表面には、ヒトを含め、無数の生物がひしめき合って住んでいるのだ。われわれは、球の表面という、まさに〝曲がった〟世界に住んでいるのである。ちなみに、地球を取り巻く空気の層を大気圏と呼び、海水や陸水の領域を水圏と呼ぶが、この生命に満ち溢れた厚さ数㎞の薄皮の領域は生命圏《バイオスフィア》と呼ばれている。

さて、大地が丸いことはよく知られている。少なくとも、現代に生きるほとんどの人は、知識として地球が丸いことを知っているし、また信じてもいるだろう。

とはいうものの、ほんとに大地が丸いという実感があるかと問われれば、少し考え込んでしまうのではなかろうか。実際、日常生活の範囲では、大地は平らだと考えても、いっこうに困らない。ふつうの地図も〝平らな〟紙の上に印刷してある。これも、地球の大きさに比べて、人があまりにも小さいためにほかならない。

しかし、飛行機に乗って、高い空の上から海と空の境目をみたときには、大地は丸いと感じるだろう(ほんとかいな)。いや、少なくとも、月が地球の影に入って起こる月食のとき、月に映る地球の影のフチをみたときに、地球の丸さを感じる(うーん、これもあやしい)。きわめつきは、宇宙から地球を写した写真をみると、地球はたしかに丸いではないか(これも偽造写真だと言われれば、それまでだが)。

ともあれ、人は、真っ平らな大地ではなく、丸く曲がった大地に暮らしているのである。しかも大地が曲がっているという事実を、とくに意識することもなく。

では、同じように、感覚的にはわからないまま、曲がった空間に住んでいることもあり得るのではないだろうか?

曲がった空間とはどんな空間なのか

万有引力の法則では、重力は2つの質点間の力として考えられたが、一般相対論では、重力の作用は空間の幾何学に置き換えられた。すなわち、質量が存在して他の質量を引き寄せるという作用は、質量が存在するとまわりの時空が歪んでしまい、その歪みが遠方に伝わっていって、離れた場所にある別の質量が影響を受けるという風に考えるのである。万有引力の法則では、重力は2つの物体の間に働く遠隔作用として扱われたが、一般相対論では、むしろ近接作用として考えられている。

このとき疑問なのは、質量が存在するとまわりの空間が歪むというが、それはいったいどういうことなのか、という点だろう。

曲がった空間とは、いったいぜんたい、どんなモノなのだろうか?

曲がった空間とは、ひとことでいえば、「ユークリッドの幾何学」が成り立たない空間である。さすがにこれでは、〝ひとこと〟すぎるかもしれないが、このユークリッドの幾何学というのは、多くの人が小学校以来、ずっと頭を悩ませてきた、あの幾何学のことである。

ギリシャの数学者ユークリッドは、それまでの幾何学を集大成し、紀元前三三〇年に『幾何学原本』としてまとめ上げた。彼はそれを教科書にして、エジプトの都アレキサンドリアでプトレマイオス王に幾何学を教えたとされている。定義や定理があまりに面倒なので、王はユークリッドにもう少し簡単な近道はないかと尋ねたが、ユークリッドは、〝幾何学に王道なし〟と答えたという逸話が残っている。そう、これぞ「学問に王道なし」

のルーツである。紀元前の昔から、王様も庶民も等しく公平に、幾何学には悩んできたのである。

閑話休題。

この『幾何学原本』の最初には、ユークリッド幾何学の基礎をなす以下の10の「公理」が挙げられている。

1 同じものに等しいものは、また互いに等しい。
2 等しいものに等しいものを加えれば、結果もまた等しい。
3 等しいものから等しいものを引けば、結果もまた等しい。
4 互いに重なるものは、等しい。
5 全体は部分より大きい。
6 任意の点と、それとは違う別の任意の点とを結ぶ、直線を引くことができる。
7 任意の直線の一部分は延長できる。
8 任意の点を中心に、任意の長さを半径として、円を描くことができる。
9 直線はすべて相等しい。
10 任意の点を通って、その点を通らない直線と平行な直線は、ただ1本だけ引ける。

ここで〝公理〟というのは、これ以上は証明できない基本的な性質のことだ。たしかに、あまりにも当たり前すぎて、これ以上は証明も何もできそうにない。そして、他の多くの定理はすべて、これら10の公理から導くことができる。つまり、今日の、あの膨大な悩ましい幾何学はすべて、先の10の文章に集約されているというわけだ。

でも、第1公理から第9公理までは、今は、とりあえず忘れてもらって構わない。ここで問題なのは、第10公理、俗に言う**「平行線の公理」**である。これもまったく当たり前のようにみえるが、本当にそうだろうか？　たとえば球面の上で平行線は引けるだろうか？

この第10公理を認める幾何学が「ユークリッド幾何学」であり、逆に認めない幾何学は「非ユークリッド幾何学」と呼ばれる。また、実際に無限まで続く平行線が引ける空間が「ユークリッド空間」で、そのような平行線が引けない空間が「非ユークリッド空間」である。そして、実のところわれわれの住んでいる宇宙は、平行線の引けるユークリッド空間ではなく、平行線の引けない非ユークリッド空間なのだ。

とはいうものの、まわりの時空は歪んでいる、と言われても、地球は丸い、というのと同じく、全然そうは感じられない。

これはもちろん、ひとつには、まわりの時空の歪みの強さ、具体的には、たとえば、空間の〝丸み〟の半径に比べて、われわれが非常に小さいためだ。地球のサイズに比べて非常に小さい人間が、地球の丸さを感じられないのと同じである。

しかしたとえ小さな人間でも、直径100mぐらいの小惑星の上なら、その丸さが実感できるだろう。したがって、時空の場合も、時空の歪みが非常に強く、空間の〝丸み〟の半径が小さくなれば、時空の歪みは実感できるということになる。

もうひとつには、われわれ自身は時空に存在するモノであるから、われわれ自身も、入れ物であるまわりの時空と同じように歪んでいるため、時空の歪みには気づかない、気づきにくいという問題がある。

では、曲がった空間の内部に住んでいるわれわれ自身が、空間が曲がっているということを、どのようにして調べたらいいのだろうか？

どうすれば空間の曲がりがわかるのか

まず最初に、平らなユークリッド空間について、その特徴を考えてみよう。たとえば、〝平らな〟平面（空間）に、三角形や円などの図形を描いてみる（図8－1）。ただし、ここで、ちょっとうるさい定義をすると、「三角形」というのは、3つの異なった点（頂点）

・図8-1　曲がった空間では三角形の内角の和は180°より大きくなる

〈平面では…〉

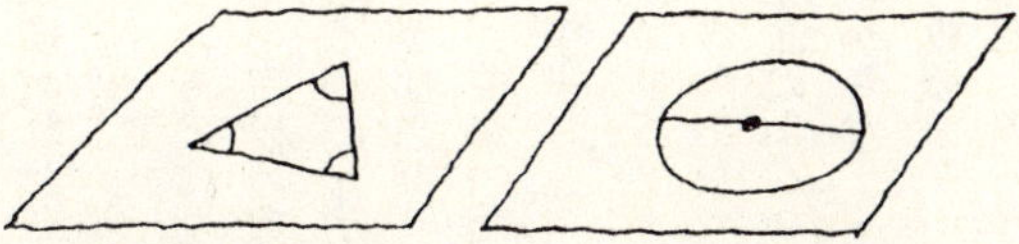

三角形の内角の和は180°　　π×直径＝円周

〈球面では…〉

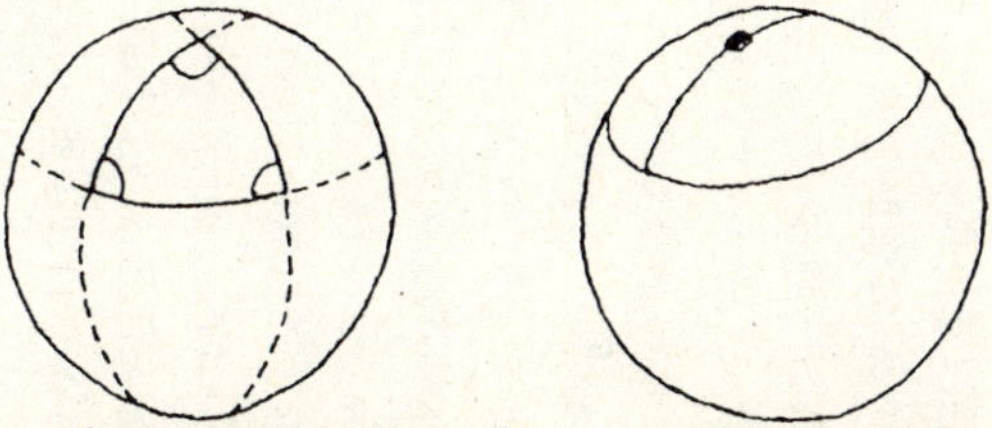

三角形の内角の和＞180°　　π×直径＞円周

〈重力場では…〉

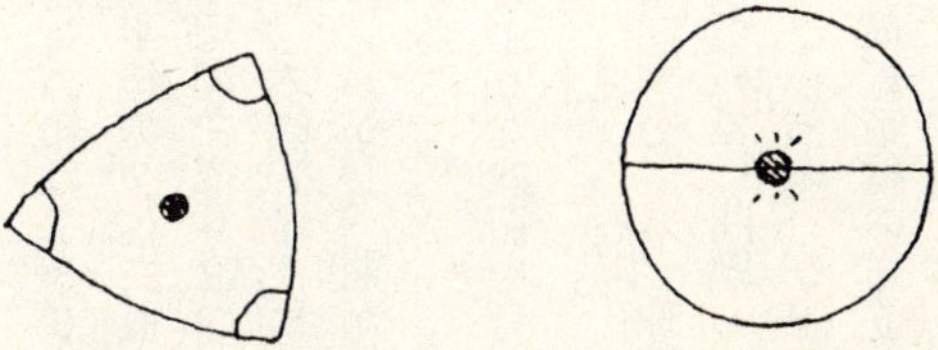

三角形の内角の和＞180°　　π×直径＞円周

を〝直線〟で結んだ図形のことであり、「円」とは、ある点（中心）から同一の距離にある点をつないでできる図形のことである。

さて、**平面に描かれた三角形では、よく知られているように、内角の和は180度になる**（図8－1上段左）。また平面上の円では、その円周の長さは、半径の2倍（直径）に円周率πを乗じたものになる（図8－1上段右）。これらの平らな空間で成り立つユークリッド幾何学は、学校の数学でイヤというほど習ったわけで（いや、実際、イヤになった場合も多いだろうが）、当たり前すぎるほど当たり前っぽいことだ。しかし、曲がった空間では、このような当たり前のことが、当たり前ではなくなるのである。

じゃあ、次に、曲がった空間（曲面）の例として、地球の表面のような球面を考えてみよう（図8－1中段）。球の表面では、三角形や円の特徴はどうなるのだろうか？

まず三角形だが、三角形は異なった3つの点を〝直線〟で結んだ図形である。球面上の三角形の場合、3つの異なった点は問題ないとしても、〝直線〟については問題ありだ。というのも、球面のような曲がった空間では、平面上の直線のようなまっすぐな線は、そもそも描けないからだ。そこで、平面上での直線は、〝2点を結ぶ最短距離の道筋〟なので、同じ定義を拡張して、曲面上でも〝2点を結ぶ最短距離の道筋〟を直線と定義しよう。

したがって、球面上での直線は大円（球の中心を通る平面と球面との交線）になる。これは船舶や航空機の最短航路である、いわゆる大圏航路と呼ばれるモノにほかならない。

ということで、球面上での三角形とは、異なった3つの点を大円で結んだ図形として決めることができる。こうして三角形が決まったとすると、その特徴だが、球面上で比較的大きな三角形を描いてみればすぐわかるように、**球面上の三角形の場合、内角の和は180度より大きくなる**（図8-1中段左）。

たとえば地球上の人間のような球面上の生物が、自分の住む世界が曲がっているかどうかを、さらに曲がっているとしたらどれくらい曲がっているかを、この性質を使って調べることができる。すなわち、非常に距離の離れた異なった3点を選んで、それらを〝直線〟で結ぶ。そして各点で2つの〝直線〟の間のなす角度を測り、和を求めて、180度より大きいか、どれくらい大きいかを求めるのである。

同じようにして、球面上の円としては、ある点を中心として、その点から等距離にある点をつないだ図形として、決めることができる。このとき、円の半径は、中心から円周までの大円の長さとする。そして、その特徴だが、実際に図を描いてみればわかるように、球面上の円では、円周の長さは、円の半径の2倍に円周率を乗じたものより小さくなるのだ（図8-1中段右）。

今あげた球面の例では、三角形の内角の和は180度より大きくなったが、曲面の曲がり方によっては、内角の和が180度より小さくなるような曲面もあるだろう。どちらも非ユークリッド空間なのだが、前者をとくに「リーマン空間」と呼び、後者を「ロバチェフスキー空間」と呼ぶことがある。

では次に、いよいよアインシュタインの理論を考えてみよう（図8－1下段）。一般相対論においては、物質（質量）のまわりの空間はどのように曲がっているのだろうか？

今まで述べてきたように、平面上での直線は、文字通り、2つの点を結ぶ〝まっすぐな〟線である。また、球面上での〝直線〟は、2点を通る大円である。これらすべてに共通しているのは、2点を通る最短距離の経路が「直線」だ、という決め事だ。3次元の曲がった空間においても、これらと同じように、**2点を通る最短距離の経路を「直線」**と約束しよう。こういう約束を積み重ねて、曲がった空間における幾何学を構築していくことができるのだ。

そこで、〝曲がった空間〟でも、空間が曲がっているかどうかを調べるためには、まず、物質（質量）のまわりに異なった3点を取って、それらを〝最短距離の道筋〟すなわち〝直線〟で結んで、三角形を作る。空間が平らでユークリッド的なら内角の和は180度になるはずだが、空間が曲がっていると、内角の和は180度にはならない。そして事実は。

われわれの住んでいるこの宇宙では、**物質（質量）のまわりではたしかに、三角形の内角の和は180度を超えるのである。**そして質量が大きくて曲がり方が強いほど、内角の和も180度より大きくなる。曲がった空間は検証されているのだ。同じように、円を描いたとき、円周の長さは、半径の2倍に円周率を乗じたものより小さくなる。物質のまわりでは、空間は非ユークリッド的になり、とくにリーマン空間と呼ばれる曲がった空間になっているのだ。

ちなみに、曲がった空間に引く〝直線〟としては、以下に述べるように、〈光線〉を使うのがふつうである。

曲がった空間では光線も曲がる

ここまでで説明したように、質量をもった物質のまわりはユークリッド幾何学が成り立たず、リーマン幾何学によって支配される曲がった空間になっている。ニュートンの絶対空間では、光は直進することが自明だった。重力場を考えないアインシュタインの特殊相対論でも、光速度は不変で有限ではあるが、光が直進するという性質は変わらなかった。

しかし、重力場を考える一般相対論では、あらゆるモノの入れ物である空間自体が曲がっているのだから、光の道筋も曲がらざるを得ないだろう。

光は2点間の最短距離の経路を進むのだが（というより、**最短距離の経路を進むものを〝光〟と定義する**）、曲がった空間に沿って進むため、光の軌跡も曲がる。これは、地球表面という球面の上では、大圏航路が曲線になるのと同じである。光は、あくまでも自分はまっすぐに進んでいるつもりなのだが、あらゆるものの入れ物である空間そのものが曲がっているために、光の軌跡も曲がってしまうのだ。言い換えれば、**光の軌跡そのものが曲がった空間における〝直線〟**なのである。

ところで、仮に空間が曲がっていなくても、すでに等価原理によって、光も重力場中で自由落下するため、その軌跡が曲がることがわかっている。そして今また、等価原理による自由落下以外に、空間が曲がっているという効果によっても、光の軌跡は曲がることがわかった。

だから、〝**アインシュタインの一般相対論では重力場中で光は曲がる**〟とよく言うが、より正確に丁寧に言えば、**（1）光も重力場中で自由落下することと、（2）空間の曲がりによって光の道のりが変化することのふたつの理由で、光は曲がる**のである。

光線の曲がりを検証した日食観測

今述べたように、一般相対論は、天体の作る重力場の中で光線が曲がることを予言する。たとえば太陽の縁をかすめる光線は、一般相対論を使って計算すると、最初の方向から角度にして1・75秒角曲がることが予想された。

実は、等価原理のみによって、アインシュタイン自身が一九一一年、太陽の縁をかすめる星の光が0・87秒角曲げられることを導いていた。ところがこれは一般相対論による正しい値1・75秒角の半分にしかならず、まだ充分ではない。というのは、そのときの計算には、空間が曲がっているという効果が入っていなかったからだ。両方の効果を入れた結果として、その後、1・75秒角という値が得られている。

角度の1・75秒角というのは、非常に小さいので、測定が難しい。しかも太陽がきわめて明るいために、普段は太陽の方向の星をみることはできない。しかし、皆既日食のときは、太陽の近くの星を写真に撮ることができる。そして皆既日食中に撮影した写真と、半年後（あるいは半年前）の夜に撮影した写真とを比較して、星の見かけの位置のずれを測定することができるのである。もし一般相対論の予言どおりに光線が曲がるのなら、皆既日食の際に、星の位置がわずかだけずれてみえるはずだ。しかもそのずれ方は太陽から離れる方向にずれているだろう。

第一次世界大戦直後の一九一九年五月二十九日、アフリカとブラジルで皆既日食が起こった。著名な天体物理学者アーサー・エディントン卿の率いるイギリス観測隊が、アフリカ西岸のプリンシペ島とブラジルのソブラル村へ出向き（エディントンはプリンシペ島へ行った）、太陽のまわりに見える星の位置が、まさに一般相対論の予言どおりにずれていることを確かめたのだ。この日食観測によって、アインシュタインと相対論の名は一躍世界に知らしめられたのである。

皆既日食を利用して一般相対論による光線の曲がりを検証する試みは、その後も十数回行われている。ただし、皆既日食を使う方法は、半年前あるいは半年後の写真と比べるために、写真乾板の伸縮や望遠鏡の器械誤差などによる測定誤差がかなり大きい。

しかし重力のなかなかよい点は、重力が万物に対して公平に働く点である。たとえば光は電磁波の一種だが、電波や赤外線やX線のように波長が違う電磁波もある。重力は、電波とか光とかX線とかといった区別をせずに、すべての電磁波を同じように曲げてくれるのだ。

重力のこの性質のおかげと電波望遠鏡の発達によって、光線の彎曲《わんきょく》の検証は大きく進展した。すなわち、電波干渉計を用いることにより、きわめて高い精度で、測定が行われるようになったのである。

たとえば遠方の点状電波源クェーサー3C279は、赤方偏移が0・54で、赤経12時54分、赤緯マイナス5度31分に位置するが、毎年10月に太陽に掩蔽《えんぺい》される。このクェーサーから約10度離れたところに、別のクェーサー3C273がある（赤方偏移0・16、赤経12時27分、赤緯プラス2度20分）。

さて3C279が太陽の背後に隠れる際には、3C279からの電波の経路が光線の場合と同じように曲げられて、3C279の電波位置が少しずれてみえるはずである。しかも太陽は強い電波を出していないので、掩蔽の様子が電波できっちりみて取れる。そこでそのときの3C279と3C273の相対角度の変化を精密に測定することにより、電波の曲がり方の度合いを調べるのである。

この方法により、一九六九年、G・A・サイエルスタドらは、太陽の縁での曲がり角として、1・77秒角（誤差プラスマイナス0・20秒角）を得た。一九七〇年前後に行われた同じような観測の結果でも、1・57秒角ぐらいから1・87秒角あたりまで、約10%程度の精度で、アインシュタインの理論値が正しいことが検証された。さらにその後、0111+02、0119+11、0116+08という3つの電波源を用いた同じ原理の観測で、E・B・フォマロンらは、1・775秒角という値を得ている（一九七五年）。また太陽コロナや地球大気、観測器械などに起因するさまざまな誤差を注意深く取り除くことにより、この方法によって、現在では、実に1%以下の誤差でアインシュタインの理論が実証されているのだ。

時空の美を鑑賞しよう

一般相対論では、重力の作用を空間の幾何学に置き換えたが、その理由については説明していない。これは前にも触れたように、一般相対論の考え方におけるきわめて原理的な問題であり、ユークリッド幾何学の公理と同じく証明できない。つまり、空間が曲がっていることによって重力の作用を表現できる理由については、一般相対論は何も語らない、語れないのだ。〝そこが知りたいんだ〟という立場では、非常に不満かもしれないが、こういう原理的な問題に関しては、万有引力の逆2乗の法則が重力を表した理由が説明できないのと同様なのである。

しかし、人は、〝何故、空間が曲がっているの？〟とは訊《き》くが、〝何故、万有引力が働くの？〟とはあまり訊かない。これは実際に体感できる（平らな絶対時空での）万有引力に比べて、直感的に感じることのできない〝曲がった空間〟という概念が、はるかに受け入れにくいためだろう。そしてそここそが、考え方の問題なのである。

ニュートンの万有引力の法則にせよ、アインシュタインの一般相対論にせよ、ともに説明不可能な基本原理——公理と呼んでもよい——から理論は構築されている。じゃあ、どちらの理論がいいのだろうか？　どちらがより正しいのだろうか？

よりよい理論の基準は明らかだ。まず**第一に自然をより上手く説明できること**（そういう意味では、正しい理論というモノはなく、つねに、よりよい理論があるだけかもしれない）。そして**第二に美しいこと**。万有引力の理論も美しい理論ではあるが、一般相対論の方が、時空の幾何学で重力作用を表す方が、より美しく自然とも調和している理論だと考えられている。

一般相対論は、ニュートンの万有引力の法則と比べても、はるかに実りの多く、多くのモノを統一して捉えた、美しい理論なのである。

いつの日か、一般相対論を超える理論が現れることはあるだろうが、それはさらに美しいものであるはずだ。

「あなたの論文を最大の興味を持って読みました。
このように簡単な仕方で問題の厳密解を立てられるとは
思いもよりませんでした。
あなたの問題の数学的処理は大変気に入りました。」（＊3）

subject 9 ブラックホールなんか怖くない——謎の天体の秘密

ブラックホールは宇宙のおとしあなか?
ブラックホールってこわいよな
あれがあるから宇宙旅行したくないよ…
テクテク…
だって一度入ったら二度とぬけられないんだろ?
わう
ヒュゴー
なにより見えないっていうじゃないか
光さえもとりこまれちゃうんだしな

皆さん ごあんしん ください!
最近は重力レンズなんてのがあって見ることができます
像
像
B
へえ! そりゃ安心だね
いてて…
ちゃんと前見て歩こうぜ…
工事中

光でさえ脱出できない天体

お待ちどおさま。いよいよブラックホールの登場である。

アインシュタインの一般相対論から導かれるもっとも変わった代物がブラックホールだといえるだろう。〝ブラックホール〟という言葉はもっともよく知られた学術用語だと思うが、その一方で、言葉だけがひとり歩きしてしまい、もっとも誤解されている学術用語だと思う。曰《いわ》く「ブラックホールは難しい」、曰く「ブラックホールはみえない」、曰く「ブラックホールは怖い」、曰く「ブラックホールは死んだ天体だ」。ここでは、これらブラックホールに関する〝常識のウソ〟について、誤解を解くことを試みたい。

ブラックホールの真の姿はアインシュタインの一般相対論で明らかになったのだが、ニュートン力学を使ってもブラックホールのような天体を考えることができる。実際すでに十八世紀末に、イギリスの天文学者ジョン・ミッチェルやフランスの科学者ピエール・シモン・ド・ラプラスらが、光ではみえない天体のことを予言している。

天体の表面から天体の重力に逆らって物体（たとえばロケット）を打ち上げたとしよう（図9－1）。打ち上げ速度が小さいと、ロケットはふたたび天体の表面へ落ちてくるが、充分な速度で打ち上げれば、ロケットは天体の重力を振り切って無限の彼方へ飛び出していくだろう。**無限遠に飛び出すための最低限の速度が、その天体の「脱出速度」**である。具体的には、たとえば、地球の脱出速度は秒速11・2kmだし、太陽の脱出速度は秒速618kmである。

天体の半径が同じなら、天体の質量が大きいほど天体の表面での重力が強いので、脱出速度は大きくなる。また天体の質量が同じなら、天体の半径が小さいほどやはり表面での重力が強くなるので、脱出速度は大きくなる。そこでミッチェルやラプラスは、**天体の質量をどんどん大きくしていけば、ついには脱出速度が光速を超えてしまい、そしてそのような天体からは光でさえ脱出できなくなって、観測することもできなくなるだろう**、と予想したのである。これがニュートン力学における〝ブラックホール〟の概念である。

ブラックホールの半径を導いてみよう

天体の質量が大きくなって光でさえ脱出できなくなる条件を、ニュートン力学を使って具体的に求めてみよう。ロケットが無限遠に飛び去ることができるということは、天体の表面でのロケットの運動エネルギーがそこでの位置エネルギーを凌駕《りょうが》するということにほかならない。

まず、ロケットの質量をm、天体表面での打ち上げ速度をvとすると、打ち上げ時のロケットの運動エネルギーは、

$$\frac{1}{2}mv^2$$

である。一方、天体の質量をM、半径をRとすると、ニュートン力学にもとづく、天体表面での万有引力の位置エネルギーは、

$$-\frac{GMm}{R}$$

である。ロケットが無限遠に飛び出すための最低限の速度、すなわち脱出速度 Vesc を求めるために、まず、この運動エネルギーと位置エネルギー（の絶対値）を等しいと置く。すると、

$$\frac{1}{2}mv_{esc}^2 = \frac{GMm}{R}$$

となる。両辺からmを消去し、両辺を2倍し、全体のルートを取ると、脱出速度として、

$$v_{esc} = \sqrt{\frac{2GM}{R}}$$

が得られる。さらに、脱出速度 Vesc が光速 c に等しくなる条件は、

$$v_{esc}=\sqrt{\frac{2GM}{R}}=c$$

なので、ふたたび両辺を2乗すると、そのような天体の半径Rと質量Mの間には、

$$R=\frac{2GM}{c^2}$$

という関係が成り立つことになる。

質量Mの天体の半径が右の式のRより小さくなれば、その天体表面での脱出速度が光速を超えるのだ。その半径は、今日、「シュバルツシルト半径」と呼ばれていて、具体的には、地球の質量だと0・9㎜、太陽の質量だと3㎞になる。

右の関係式は、ニュートン力学を使って求めたにもかかわらず、実は一般相対論から導かれるブラックホールの半径に完全に合致する。このことは、やや誤解を引き起こしそう

な点ではある。というのも、さんざっぱら、ニュートン力学より（一般）相対論の方が自然の姿をより正確に記述する、と言っておきながら、一般相対論の独壇場であるはずのブラックホールにおいて、ニュートン力学の結果と一般相対論の結果が完全に一致してしまうわけだから。

で、一応、説明（エクスキューズ）しておくと、この一致は、ある意味では必然であり、ある意味では偶然である。すなわち、一般相対論の方がより正確ではあるものの、一般相対論の結果がニュートン力学の結果と10倍も100倍も違うわけではない。実際、一般相対論を使って太陽の重力が10倍も強くなったりしたら大変である。だから、ニュートン力学でも一般相対論でもだいたいのオーダーが一致するのは必然なのである。ただしファクター（たとえば右の式の係数の2）まで一致するのは、この場合は偶然なのだ（ニュートン力学の計算と一般相対論の結果が、いつでもファクターまで一致するとは限らない）。

このようなニュートン力学の描くブラックホールのイメージは、非常にわかりやすいし、また受け入れやすいものである。しかし、遠隔作用としての重力は、一般相対論において、曲がった時空の幾何学として扱われることになった。そしてまたブラックホールの本質を得るには一般相対論が必要だったのだ。

地球や太陽よりも単純な天体

ブラックホールはアインシュタインの一般相対論を用いることによって、はじめて正しく記述することができる。

一般相対論では質量のまわりでは空間が曲がっていると考える。天体の質量を固定して半径を小さくしていくと、狭い領域に質量が集中するので、空間の曲がりもどんどん大きくなるだろう。光は空間の曲がりに沿って進むのだが、空間の曲がりがあまりに大きくなると、光さえも空間の歪みの中から逃れることができなくなる（脱出速度のたとえで言えば、脱出速度が光速になる）。**一般相対論が描くブラックホールとは、このように時空の曲率が大きくなって、光でさえも脱出できなくなった天体なのだ。**

もっとも単純なブラックホールは、球対称のブラックホールで、「**シュバルツシルト・ブラックホール**」と呼ばれている（図9-2）。シュバルツシルト・ブラックホールの半径は、先に述べたシュバルツシルト半径であり、ここはまた「**事象の地平面**」とも呼ばれる。事象の地平面は、それより内側に一歩でも踏み込むと、二度とこの世に戻ってこられないという一方通行の境界面で、その内側からは光さえ出て来られない。その彼方のでき

・図9-1 重力に逆らってロケットを無限遠方に打ち上げるための最低限の速度がその天体の「脱出速度」である

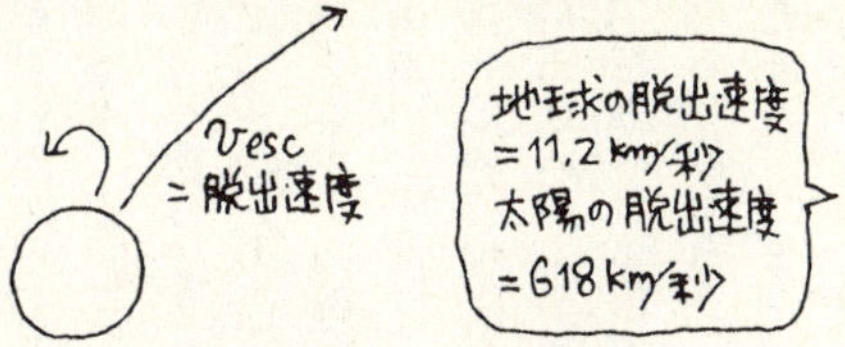
vesc
=脱出速度
地球の脱出速度
=11.2 km/秒
太陽の脱出速度
=618 km/秒

・図9-2 シュバルツシルト・ブラックホールの構造

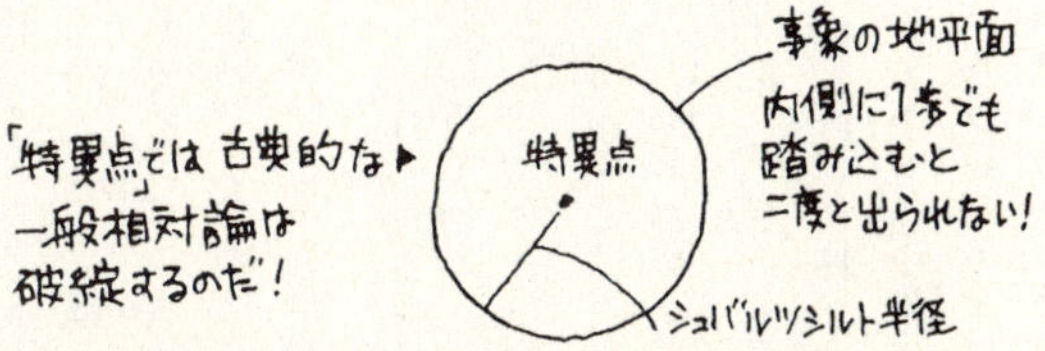
事象の地平面
内側に1歩でも
踏み込むと
二度と出られない!
「特異点」では古典的な
一般相対論は
破綻するのだ!
特異点
シュバルツシルト半径

・図9-3 星の終末はその質量によって異なる

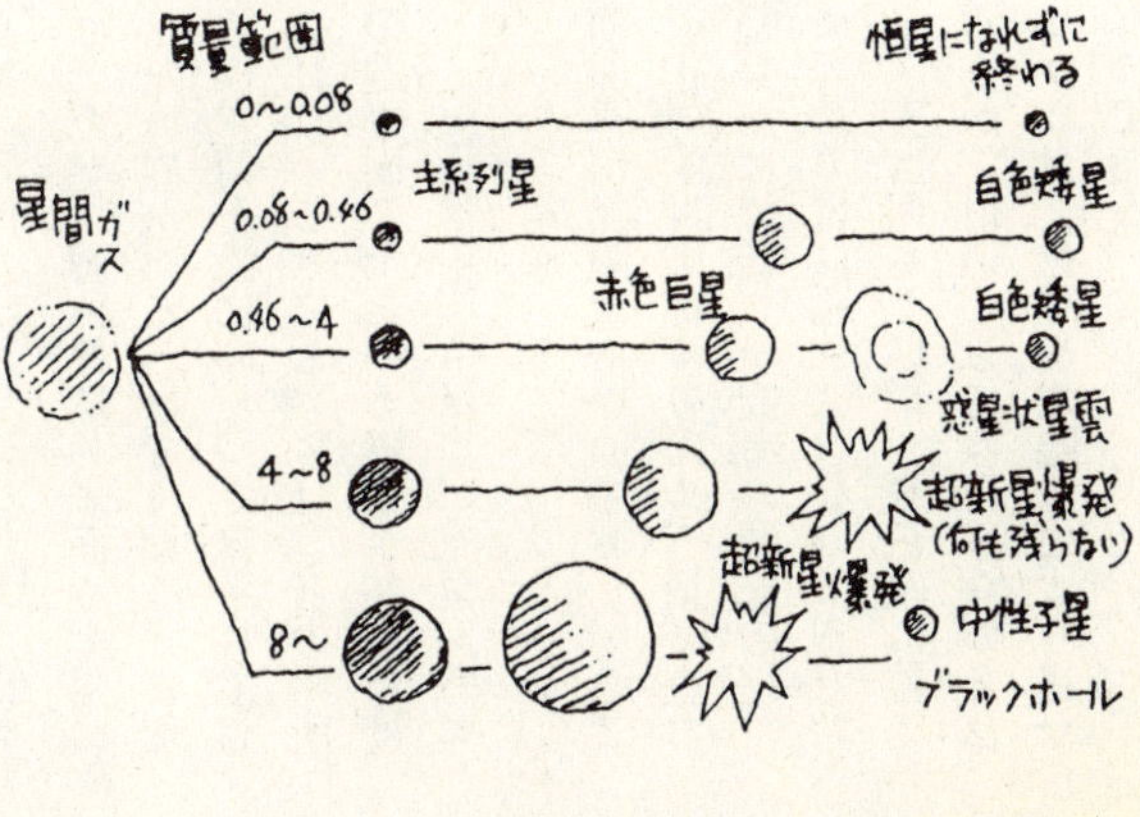
質量範囲
恒星になれずに
終わる
0~0.08
主系列星
白色矮星
星間ガス
0.08~0.46
赤色巨星
白色矮星
0.46~4
惑星状星雲
4~8
超新星爆発
(何も残らない)
超新星爆発
8~
中性子星
ブラックホール

ごと（事象）が見えなくなる境界（地平面）という意味で、事象の地平面と呼ばれている。

この事象の地平面が、いわばブラックホールの〝表面〟だが、固体地球の表面や太陽の表面とは異なり、事象の地平面のところにはっきりとした境界があるわけではなく、またそこで空間の性質が急激に変わるわけでもない。たとえば、河を滝に向かって流されている状況を思い浮かべてみて欲しい。水の中に沈んで流されている人にとっては、どの場所でも周囲は水（空間）であって、どこからが滝（事象の地平面）だという標識があるわけではない。後戻りできなくなっているのに気づいたときには時すでに遅く、滝壺（特異点）にまっさかさまに落ち込むのみである。

ブラックホールの内部に入ると、その中心では時空の曲率が無限大になっており、そこは「特異点」と呼ばれている。特異点では古典的な一般相対論は破綻するため、量子重力あるいは新しい物理学を考えなければならない。この特異点は優秀な研究者の頭痛の種だが、幸い三途の川（事象の地平面）の彼方にあるために、この世に悪さはしないようだ。

では、特異点と事象の地平面の間には何があるのか？　実は何もない。いや正確に言えば、時間と空間（真空）と多少のエネルギーはあるだろうが、構造としては何もないと言うべきだろう。つまり、シュバルツシルト・ブラックホールは、地球や太陽などより遥かに単純な、おそらくは宇宙の中でもっとも単純な天体なのである。

成長か、蒸発か？――ブラックホールの一生

星の終末は、その質量によって異なる（図9－3）。まず太陽の約0・08倍より軽い星は、軽すぎて中心温度があまり上がらず、中心で核融合反応の火を灯すことができないので、そもそも太陽になれない。約0・08太陽質量から約4太陽質量の星は、ふつうの星として過ごした後で、赤色巨星の段階を経て、最終的には白色矮星《わいせい》になる。約4太陽質量から約8太陽質量の星は、最後に超新星爆発を起こすが、粉々に砕け散って後に何も残さない。そして太陽質量の約8倍より大きな星が超新星爆発を起こしたときに、中性子星やブラックホールが残されるのだ。

とくに質量の大きな星が超新星爆発を起こすと、その中心部は、ガスの圧力や中性子の縮退圧などいかなる圧力によっても自分自身を支えることができなくなり、中心点へ向かって無限に重力収縮してしまう。ふつうのブラックホールは、このような星の「**重力崩壊**」の結果、誕生する。

ブラックホールが誕生した後の進化には、〝**蒸発**〟と〝**成長**〟という、両極端なふたつの方向がある。ひとつはケンブリッジの物理学者ホーキングの唱えたブラックホールの蒸

発だ。

古典的な理論では真空に置かれた単独のブラックホールは、永久に存在する。しかし量子力学的な考え方では、真空というものはまったくの虚無ではなく、そこでは仮想的な粒子・反粒子対が常に生成消滅を繰り返している。ブラックホールの地平面の近傍でこのような仮想粒子対が生成すると、それらが消滅する前に、片方の粒子（反粒子）がブラックホールの地平面内に落ち込み、もう一方の反粒子（粒子）が遠方へ逃げ去ることがある。これを遠方からみると、まるでブラックホールから粒子が出てきたようにみえるだろう。このことを**「ブラックホールの蒸発」**と呼んでいる。このような蒸発によって、ブラックホールの質量はだんだん減少するのだ。

ただし蒸発の割合は、ブラックホールの質量が大きいほど小さく、ふつうのブラックホールでは蒸発は無視できる。逆に質量が小さいと蒸発の割合も大きくなり、とくに10億トンより質量の小さいミニブラックホールでは、蒸発時間が宇宙年齢より短くなるために、ブラックホールの蒸発が重要になってくる。

もうひとつはブラックホールの成長だ。すなわち、ブラックホールは周囲から物質を吸い込んだり、あるいはブラックホール同士が衝突して、その結果、だんだん大きくなっていくことがある。これを**「ブラックホールの成長」**と呼んでいるのだ。

・図9-4 ブラックホールの一生

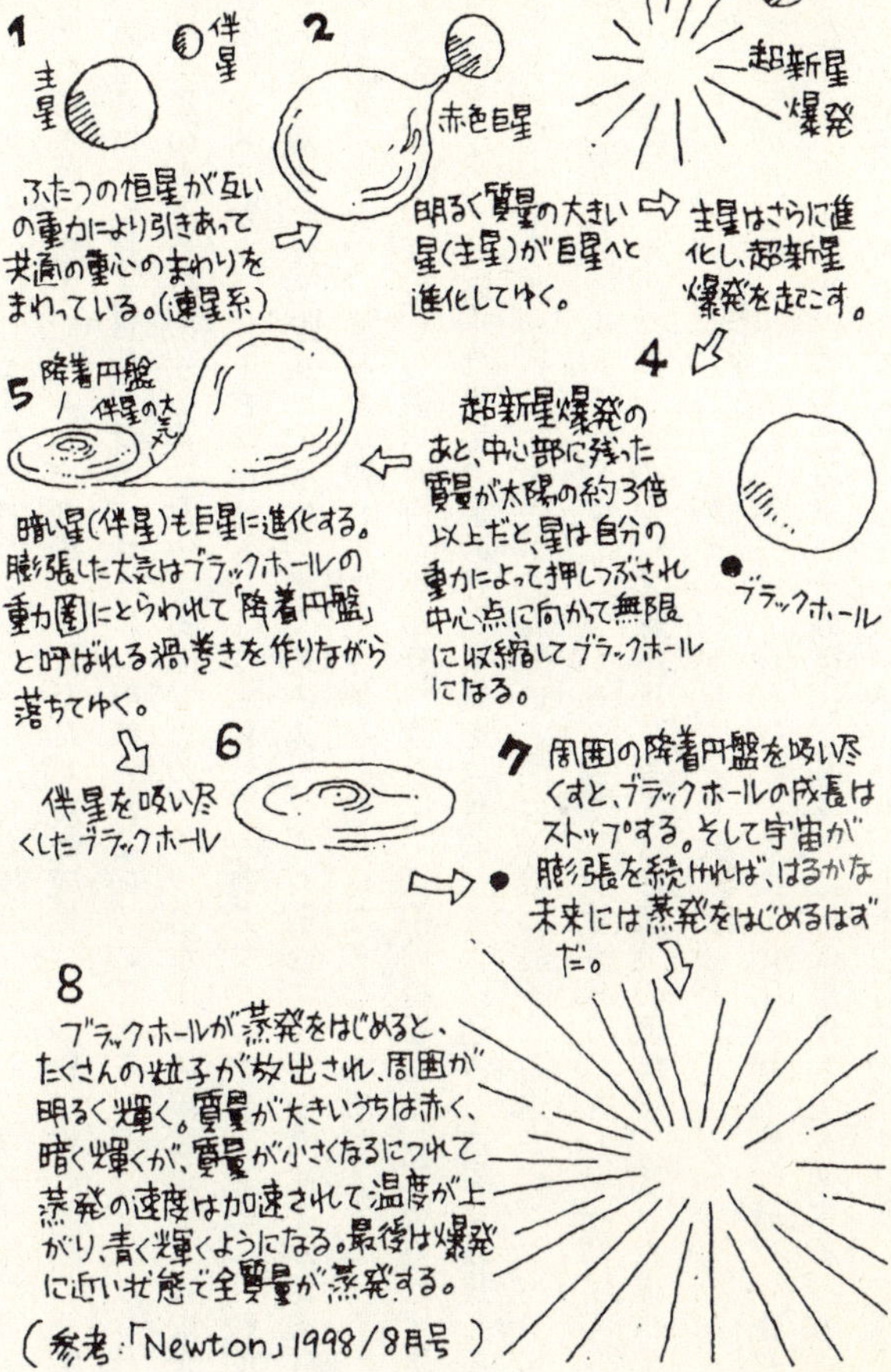
1
主星
伴星
ふたつの恒星が互いの重力により引きあって共通の重心のまわりをまわっている。(連星系)
2
赤色巨星
明るく質量の大きい星(主星)が巨星へと進化してゆく。
3
超新星爆発
主星はさらに進化し、超新星爆発を起こす。
4
超新星爆発のあと、中心部に残った質量が太陽の約3倍以上だと、星は自分の重力によって押しつぶされ中心点に向かって無限に収縮してブラックホールになる。
ブラックホール
5
降着円盤
伴星の大気
暗い星(伴星)も巨星に進化する。膨張した大気はブラックホールの重力圏にとらわれて「降着円盤」と呼ばれる渦巻きを作りながら落ちてゆく。
6
伴星を吸い尽くしたブラックホール
7
周囲の降着円盤を吸い尽くすと、ブラックホールの成長はストップする。そして宇宙が膨張を続ければ、はるかな未来には蒸発をはじめるはずだ。
8
ブラックホールが蒸発をはじめると、たくさんの粒子が放出され、周囲が明るく輝く。質量が大きいうちは赤く、暗く輝くが、質量が小さくなるにつれて蒸発の速度は加速されて温度が上がり、青く輝くようになる。最後は爆発に近い状態で全質量が蒸発する。
(参考:「Newton」1998/8月号)

たとえば、銀河の中心などで生まれたブラックホールの場合、まわりのガスや星が多いので、それらを吸い込んで、ブラックホールはだんだんと成長し、ついには、太陽の1億倍もの質量を持った超大質量ブラックホールが形成されていくのである。

では、質量の大きな星の死と共に誕生するふつうのブラックホールの場合は、どんな一生を送るのだろうか？　はくちょう座X－1などに代表されるブラックホールと、比較的質量の大きな星からなる連星系の場合で考えてみよう（もちろん、ブラックホールが誕生する際の超新星爆発で、連星系が壊れずに生き延びなければならない）（図9－4）。

ブラックホールが誕生した後、何百万年か経つうちに、相手の星も進化して膨らむ。そうすると、ブラックホールは相手の星の外層大気をはぎ取って吸い込み、次第に成長していく。ブラックホールが相手の星を吸い込んでいる間は、吸い込まれる途中にブラックホールの周辺で高温になったガスのために、きわめて激しい活動が起こっている。はくちょう座X－1など、ブラックホールを含むX線星は、みなこの時期の天体で、ブラックホールにとっては、この時期がもっとも華やかな時期だといえるだろう。

やがて相手の星は吸い尽くされてしまい、後には、だいたい相手の星の質量分だけ重たくなったブラックホールが残るだろう。その後は、基本的には成長はストップする。もちろんわずかに存在する星間ガスを少しずつ吸い込んだり、ときには他の星やブラックホールと出会ってそれらを食べて少しだけ太ることもあるかもしれないが、いずれはまわりに吸い込む物質もなくなり、長い年月にわたり変化は起こらなくなる。そして膨張宇宙が未来永劫続くのなら、はるかな、ほんとにはるかな未来に、いずれは蒸発する運命にある。

誰がブラックホールを見つけたのか？

ブラックホールは、アインシュタインの一般相対論のもっとも有名な産物である。しかし、アインシュタイン自身がブラックホールを〝発明〟したわけではない！　では、誰がまっ先にブラックホールのことを言い出したのだろうか？

アインシュタインの一般相対論は一九一六年に最終的に完成した。そして同年、ドイツのカール・シュバルツシルトが、一般相対論の重力場方程式の特別な解を発見した。今日、シュバルツシルト解と呼ばれるこの解こそ、ブラックホールを表す最初の解〈シュバルツシルト・ブラックホール〉なのである（同じ一九一六年に、電荷をもったライスナー＝ノルドシュトルム解も見つかっている）。冒頭のアインシュタインの言葉は、このシュバルツシルトに宛てられたものだ。ちなみに、カール・シュバルツシルトは、シュバルツシルト解をはじめとして、幾何光学、天体力学、天体物理学など、さまざまな分野で多くの業績を残した。しかし、第一次世界大戦の従軍時の傷病がもとで、シュバルツシルト解を発見した一九一六年に四十歳過ぎという若さで亡くなっている。

さらに一九三九年に、アメリカのオッペンハイマーとシュナイダーが、星が死んで重力崩壊していくときの様子を一般相対論を用いて調べ、星は自分自身の重力によって無限小に縮小しブラックホールになるのだ、と指摘した。ここにいたって初めて、今日のブラックホールの概念が誕生したのである。

その後、一九六三年に回転（自転）しているカー解が、一九六五年に電荷をもち回転（自転）しているカー＝ニューマン解が発見された。

そして、一九七一年、実際の宇宙において、ブラックホールのトップスターである、はくちょう座X-1がついに発見されたのである。

ちなみに、ブラックホールという言葉自体は、一九六九年頃にアメリカのジョン・ホイーラーが名づけたものである。

ブラックホールは怖くない

人類の叡知を乗せた探査宇宙船〈彗星の翼〉号は、太陽系をはるか離れた深宇宙を調査航行中だった（当然ながら、まだ誰も行ったことのない未知宙域である）。

↓↓宇宙船は星間を放浪しているブラックホールと遭遇する（ブラックホールは〝みえない〟ので、ブラックホールに近づくまで気づかない）。

↓↓宇宙船がブラックホールの重力場に捕らえられ、絶体絶命の危機に陥る（何故か突然、機器の異常や船体の震動が生じる）。

↓↓船体を分離したり、探査プローブを捨てたり、犠牲を払いながら、ブラックホールからかろうじて脱出する（クルーの機転や偶然のおかげ）。

以上は、いろいろなバリエーションはあるものの、宇宙空間でブラックホールと出会うシーンの基本パターンである。これはＳＦやマンガに限らず、科学的な解説やＴＶ番組などでもよく出てくるパターンだ……何を隠そう、ぼくも使ったことがある。

でも、よくよく考えてみると（いや、別によくよく考えないでも）、ホントに重力場に捕らえられる寸前までブラックホールに気づかないものだろうか？　宇宙船の探知機はそんなに性能が悪いのだろうか？　ただ単に、クルーがアホなだけではなかろうか？

ブラックホールは、宇宙人、ワープ、タイムトラベルなどと共に、宇宙ＳＦでは必須のアイテムだ。主役を張る回数こそ少ないが、ＳＦ映画ではしょっちゅう顔を出している名脇役である。そして必ず、判で押したように、何でも吸い込む恐ろしい存在として描かれている。なんというか、便利な悪役として使われているフシさえある。

これはSF映画だけでなく、世間一般での評価（イメージ）も同じだろう。悪いことの原因は全部〝ブラックホール〟という言葉に押しつけ、〝ブラックホールみたいに（吸い込む）〟のひとことで済ませているみたいだ。でも、これはあまりにも可哀想な気がする。なので、ここで少しブラックホールの弁護をしておきたい。

まず言っておきたいことは、**〝ブラックホールはそんなに怖くない!!〟**ということだ。あいつは、そんなにワルじゃない。

たとえば、ブラックホールが何でも吸い込むったって、それはごくそばまで行った場合の話で、遠方ではふつうの星の重力作用と変わらない。実際、この瞬間に、太陽を同じ質量のブラックホールに置き換えたとしても、地球の運動は変わらないだろう。だから、宇宙空間でブラックホールに遭遇し、宇宙船が逃げられなくなって危機に陥る、なんてことは、クルーがアホでない限り、まずあり得ない状況なのだ。

とは言うものの、ブラックホールが光でさえ吸い込むのは事実で、闇夜のカラスと同じく、宇宙空間のブラックホールをどうやって見つけるのか、気になる人もいるだろう。そこで、少し道草になるかもしれないが、次に、宇宙でのブラックホールの見つけ方を考えてみよう。

〝宇宙の落とし穴〟を見つけだす方法がある

ブラックホールを見つけだす方法は、大きく分けて3つある。

まず、第一に、すぐ思いつくのは、**ブラックホールの重力場を探知する方法**だろう。ブラックホールの重力場は非常に強いので、重力場を検出する方法は一見簡単そうに思える。しかし、何の基準も存在しない宇宙空間で、重力場そのものを直接検出するのは、実は非常に難しい。実際、まさに等価原理によって、自由落下している宇宙船の内部では、外部の（天体の）重力は感じられないのだ。

しかし、ならば決して重力場を検出できないかというと、そうでもない。エレベータの思考実験のところでは言わなかったが、自由落下によって重力場が消去できるのは、すなわち質量のない宇宙空間と重力場中での自由落下とが区別できないのは、エレベータや宇宙船の中のただ一点、重心のみなのである（このことを、局所的に重力場が消去できる、と言っている）。というのは、質量のない宇宙空間では、重心に限らずあらゆる場所で、重力は働かない。しかし天体の重力場中では、場所によって重力の強さや方向が異なる。そのため、物体を自由落下させたとき、重心では（局所的に）重力が消去できても、重心以外の場所では残差成分が残ってしまう（たとえば、ブラックホールに近い場所に働く重力の方が、遠い場所に働く重力より強い）。これが「潮汐力」と呼ばれているものである。**潮汐力＝宇宙船の端（船首や船尾）に働く重力－宇宙船の重心に働く重力**だから、宇宙船がブラックホールに近づいたときに、重力場の強さそのものは検出できないかもしれないが、重力の差である潮汐力を検出することができれば、ブラックホールの存在は予測できるのだ。

潮汐力の大きさは、ブラックホールの質量に比例し、ブラックホールからの距離の3乗に反比例し、そしてまた宇宙船のサイズ（宇宙船の重心からの長さ）に比例する。これは相対論を使うまでもなく、ニュートンの万有引力の法則で導かれる話である。

具体的に、太陽の10倍の質量のブラックホール（半径は約30㎞）に直径（長さ）100m程度の宇宙船が近づいた場合に対して、宇宙船の船体に働く潮汐力の大きさを見積もってみた。その結果、宇宙船がブラックホールから240万㎞（3・4太陽半径）の距離まで近づいたときに、潮汐力は地球の表面重力（1G）の100万分の1になる。さらに、宇宙船が0・034太陽半径まで近づいてやっと、地球表面での重力と同じになる。

というわけで、ブラックホールの潮汐力は、かなり近づかないと検出するのは難しいだろう。

2番目に、**ブラックホール（?）からのX線放射で探知する方法**がある。よく知られているように、宇宙空間といえども完全な真空ではない。銀河系宇宙の平均的な空間では、1立方センチメートル当たり1個程度の（水素）原子が存在している。そして、星間ガス中を運動するブラックホールは、その重力によって進路上の星間のガスを吸い込むことができる。ブラックホール自体は光らないが、吸い込まれたガスが高温になって光り出すのだ。この過程は「ホイル＝リットルトン降着」と呼ばれていて、よく調べられている。そして、ブラックホールが吸い込んだガスの輝き具合は、ブラックホールの質量の2乗に比例し、星間ガスの密度に比例し、そしてブラックホールの速度の3乗に反比例することが知られている。

具体的に、数値を見積もってみよう。たとえば、太陽の10倍の質量のブラックホールが、水素原子が1立方センチメートル中1個の密度の星間ガス中を、毎秒10㎞の速度で動いているとする。またブラックホールに吸い込まれたガスは、アインシュタインの式にしたがって、その質量に等価なエネルギーをもつが（「静止質量エネルギー」）、その1割が光に変換されると仮定する（これは悪い仮定ではない）。

右の状況のもとでは、ブラックホールは、半径約180天文単位の宙域から、毎秒370億kgの割合でガスを吸い込み、その結果、（ブラックホールのまわりのガスは）なんと太陽の明るさの0・87倍くらいの明るさで輝くのだ。しかもガスは非常に高温になるため、強いX線を放射するだろう。

というわけで、ブラックホールに落下しつつある星間ガスからの高エネルギーX線を検出するという方法はかなり有望だ。しかし星間ガスの密度が小さい領域やブラックホールが高速で動いているときは、あまりX線を出していない場合もある。

3番目で、（ぼくが）もっとも有望だと思っているのが、**重力レンズ効果を利用して探知する方法**だ。

天体の重力場中では光が曲がるため、重力場（天体）は、いわば光を集めるレンズのような働きをすることがわかっている。これが**「重力レンズ効果」**である。この重力レンズ効果によって、天体のみえる方向が偏差したり、（天体の）弧状の像やリング状の像が生じたり、天体が増光してみえたりするのだ。

重力レンズ効果によるブラックホールの探知方法とは、**宇宙船の進行方向の星空を観測し、星の位置をきわめて精度よく走査して、重力レンズ効果による（星の分布の）系統的な歪みを検出する方法**である。

具体的に数値をあたってみよう。宇宙船の前方のどこかに10太陽質量ぐらいのブラックホールが存在していると仮定する。また宇宙船に搭載した望遠鏡の検出精度は、0・1秒

・図9-5 ブラックホールを見つけるための3つの方法

その1「潮汐力」によってブラックホールの重力場を探知する

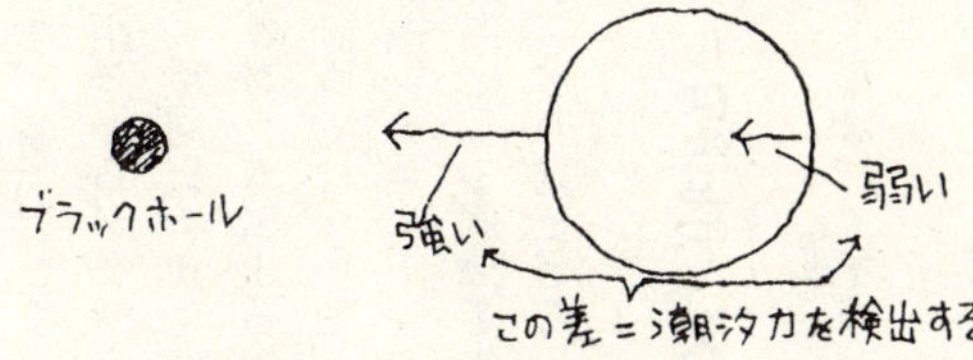
ブラックホール
強い
弱い
この差＝潮汐力を検出する。

その2 ブラックホールからのX線放射で探知する

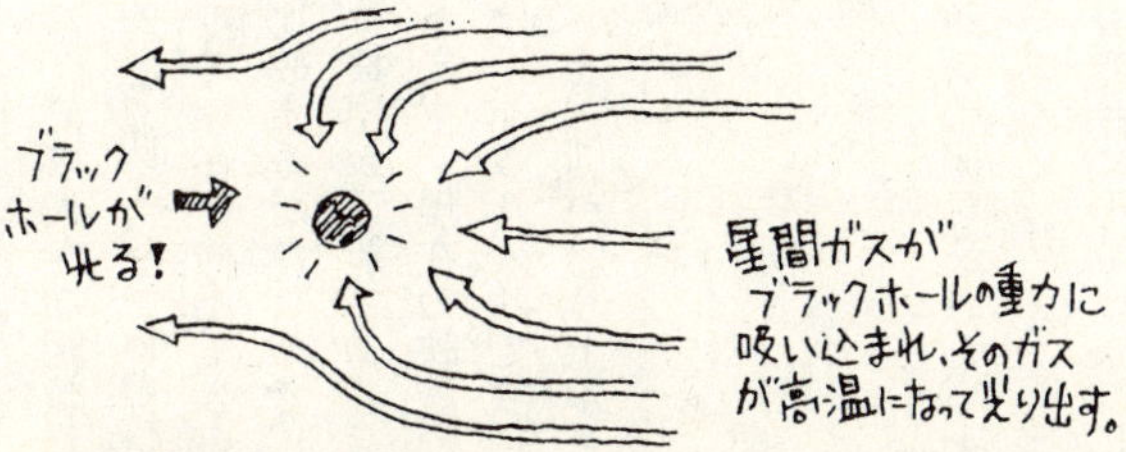
ブラックホールが光る！
星間ガスがブラックホールの重力に吸い込まれ、そのガスが高温になって光り出す。

その3「重力レンズ」を利用して探知する

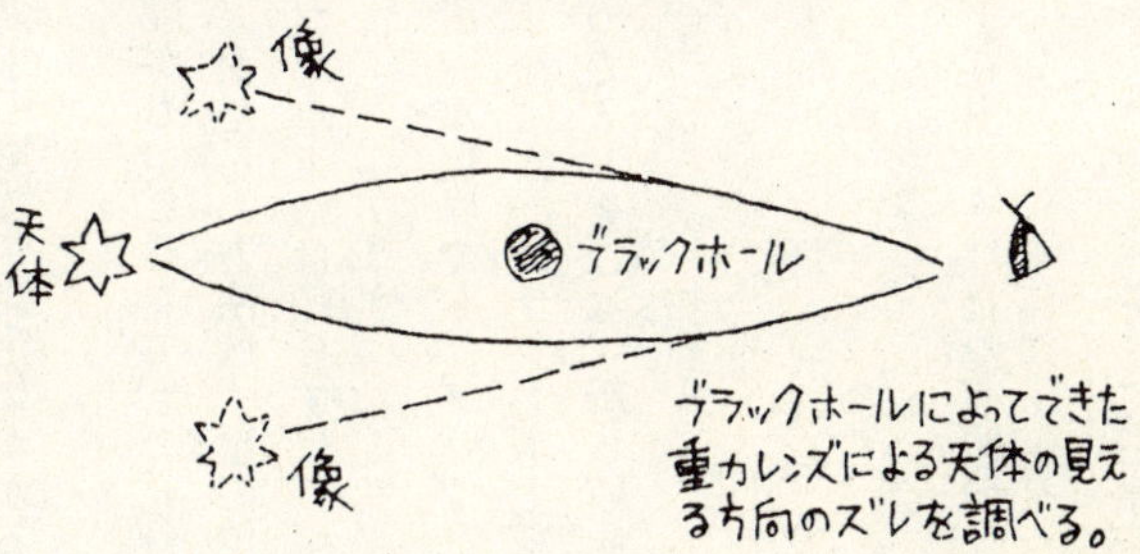
像
天体
ブラックホール
像
ブラックホールによってできた重力レンズによる天体の見える方向のズレを調べる。

角だとしよう（現有の技術精度）。この検出限界で重力レンズ効果の影響が測定にかかる距離は、約26・5光年になる。これは充分に大きな距離だ。

というわけで、〝重力レンズ検出法〟を使えば、仮に検出精度がもっと悪くても、充分遠方で安全な距離からブラックホールの存在を検出できるのだ。またこの方法は、星の位置を精査して、星図（チャート）と比較するだけなので、アホなクルーには頼らずに、現有技術でもプログラムによる自動的な検出が可能である。

将来の宇宙計画では、いや、とりあえず、現在の映画やバーチャル世界でも、ブラックホールとの遭遇シチュエーションでは是非取り入れて欲しいモノだ。え、ブラックホールとの突然の遭遇による危機が生じないと、話が盛り上がらないって？　そこは、新しい危機を作るのが、腕の見せどころだろう。

ブラックホールは生きている

ブラックホールは、アインシュタインの出し忘れた、というより出しそびれた宿題のひとつである。

ブラックホールが一九七〇年頃に表舞台に出て以来30年。ブラックホールをめぐる宇宙

像は、さらに大きく変遷してきた。ブラックホールによってもたらされた宇宙像をひとことで表せば、

〈激しく活動する宇宙〉

である。

まず第一に、ブラックホールといえば空間の裂け目、宇宙の落とし穴、重力だけで目にはまったくみえない存在というのが常識だったが、この〝常識〟はみごとに覆された。すなわち周囲からガスを吸い込み、プラズマガスでできた光る衣をまとうことによって、ブラックホールはその姿を人前にさらし得るのだ。

次に、伝統的な天文学では、宇宙におけるエネルギー源は核反応だというのが、セントラルドグマ（中心的教義）だった。重力エネルギーも考えられてはいたが、あくまでも副次的なものだった。しかし、今日では、エネルギー源として重力エネルギーが重要であり、さまざまな天体を輝かせているということがわかっている。ブラックホールでさえも、周囲のガスを吸い込むことによって、輝くことができる。ブラックホールシステムは、宇宙の「重力発電所」なのである。もっとも、核融合反応にせよ、ブラックホールにせよ、共に、アインシュタインの相対性理論の産物であることはまことに興味深い。

3番目に、従来の認識では宇宙の中で光っているのは星々だった。しかし、ブラックホ

ール＋周辺の高温ガスのシステムは、もっともっと輝いている天体である。実際、星の表面温度は数千度からせいぜい数万度にすぎないが、ブラックホールのまわりでのガスの温度は、10万度から1兆度にも到達し得るのだ。そのため、ブラックホールのまわりでは、電子・陽電子対の生成消滅など、アインシュタインの式にしたがって、しばしば物質とエネルギーの間の変換が起こっている。

4番目に、ブラックホールは、単独で存在するわけではない。星を食らい、星間のガスを呑み込みながら、だんだんと肥え太っていくこともある。その結果、太陽の10倍程度の並のブラックホールだったものが、条件がよければ、ほんの数十億年ほどの間に、太陽の数十億倍の質量まで成長し得るのである。

最後に、天体は静かで不変なもの、というのが太古以来の支配的な考え方であった。悠久不変の天空を乱すものは、惑わす星と呼ばれたり、ほうき星や客星と呼ばれて凶兆とされた。ところがブラックホールによって、この考えもまた、あっけなく打ち砕かれた。ブラックホールのまわりでは、しばしば非常に激しい現象が起こっているのである。その意味では、死んだ星であるはずのブラックホールは、あたかも死の世界から甦《よみがえ》った魔物のごとく乱暴狼藉《ろうぜき》の限りを尽くしている、とも言えるのだ。

荒ぶる神として再臨するブラックホール時空の性質を調べることによって、これからも現代の最先端の宇宙像のひとつである、活動する宇宙の姿を知る手がかりが得られていくに違いない。そこには、アインシュタインが予想だにしなかったような世界が広がっているかもしれないのだ。

「場の方程式は宇宙構造の中心対称的な解として、静的なものだけでなく動的なもの(すなわち時間に関して変動するもの)も許すことが明らかになった。」(＊3)

subject 10

生涯最大の過ち――静止宇宙とビッグバン宇宙

宇宙の誕生は？
ムクムク
宇宙はふくらんでるって本当？
本当らしいわね
じゃあ最初は小さかったんだ
ボウ
昔は火の玉ぐらいだったんですって

火の玉から宇宙ができたんだ
まあそうね
そーか! 赤ちゃんも生まれたては赤いもんね!
なるほどね
じゃあ宇宙のお母さんは?
えーと
やっぱりはじめは小さかったのかな…

人々は宇宙をどう捉えてきたか

アインシュタインの一般相対論は、ぼくたちの住んでいる宇宙そのものをも表す理論であることが、やがて明らかになった。アインシュタインの一般相対論によって、ぼくたちははじめて宇宙の仕組みをきちんと捉えることができるようになったのだ。この章は、そこへいたる長い道のりを振り返ることから始めてみよう。

〝宇宙〟と聞いて、みなさんはどんなイメージをもつだろうか？　真空、暗黒、広い、遠い、などなど？　いやいや、昔の人は、もっと豊かなイメージで宇宙を考えてきた。はるかな古代から、人々は、世界や宇宙の成り立ちや仕組みに思いを馳せてきたのだ。

バビロニアやカルディアの創造神話では、混沌の中から創造神マルドゥクが勝ち名乗りを上げ、天と地を分かち人間を作ったとされる。彼らの考えでは、自分たちの住んでいる中央大陸を大洋が取り囲み、さらにその外周の地の果てには、アララット山が全体を取り巻いている。そして、はるかにそびえ立つアララット山が、半球形の天を支えているのだ。また太陽は東側のアララット山の出口から出て、天をぐるりと巡り、西の山の入り口に沈むのである。それが彼らの世界であった。

古代エジプトの神話では、女神ヌートが空を覆っている。そして、宇宙の女神が、毎朝、太陽を吐き出しては、毎夕、太陽を呑み込むのである。

古代インドの宇宙観はよく知られているだろう。大地は4頭の象の背中に乗っており、象は大亀の甲羅の上に乗っていて、さらに亀はトグロを巻いた大蛇の上に乗っているのだ。

古代中国における宇宙観では、はじめに混沌ありきだった。混沌の中から盤古という巨人が生まれ、1万8000年後に、澄んだモノと濁ったモノが上下に分かれて天と地ができた。また巨人盤古が成長するにしたがい、天を高く地を深く押し広げて、世界が広がったのである。そして巨人の死体から万物が生まれたとされる。

ギリシャの神話では、最初に誕生したのは混沌の淵カオスである。次に大地ガイアと地底の暗黒タルタロスが生まれたとされる。そののちに、巨人族ティターンや有名なオリンポスの神々が続くのである。

北欧神話では、世界の始まりには天も地もなく、あるのは底なしの虚無の深淵、ギンヌンガ・ガップだけであった。天や地が生まれてのちは、世界樹ユグドラシルと呼ばれるトネリコの大樹によって、世界全体が支えられているのである。

古代の宇宙に対するイメージは、はじまりはカオスだったとか、巨人の存在だとかとい った、共通したイメージも内包してはいるが、何といってもその時代の文化や生活環境を強く反映していると言えるだろう。このような素朴な、しかし直感的な神話伝説の時代を過ぎると、やがて自然哲学者が宇宙を論じるようになる。

プトレマイオス（二世紀）は、宇宙の中心は地球であり、そのまわりを太陽・月・恒星が回っていると考えた。いわゆる「天動説」だ。彼の天動説は、その後、１４００年にわたり、キリスト教の教義と相まって、西洋世界を支配した。

コペルニクス（十六世紀）は、太陽が宇宙の中心で、そのまわりを地球や惑星が回っており、恒星天が取り囲んでいると考えた。これが「地動説」である。後世、コペルニクス革命と呼ばれるようになる彼の宇宙観をまとめた『天球の回転について』が刷り上がったのは、一五四三年五月二十四日にコペルニクスが死ぬ直前だったという。

真に近代的な意味での地動説を提唱したのは、ケプラー（十七世紀）である。彼は、一六〇九年に『新天文学』を出版して、その中で、惑星の軌道が真円ではなく楕円であることをはじめて指摘したのだ（ケプラーの第1法則）。ちなみに第2法則も同じ『新天文学』

で発表しているが、第3法則（調和の法則）は一六一九年に出版された『世界の調和』で公表している。

そして、コペルニクス体系を確立したのが、ガリレオ・ガリレイ（十七世紀）である。コペルニクス体系を讃えた『天文対話』が出版されたのは、一六三二年である。

ガリレオが一六四二年に七十八歳でこの世を去ったのと入れ替わりに、ニュートンが誕生する。ニュートンは、すでに触れたように、相対論以前のこの世界の力学体系を構築したのである。エドモンド・ハレーに説得されたニュートンが、彼の思索の集大成である『自然哲学の数学的原理（プリンキピア）』を出版したのは、一六八七年のことだった。そしてニュートンの力学的体系は、以後200年以上もの間、ミクロな分子の運動から宇宙の天体にいたるまで、あらゆる力学的現象を支配したのだ。ニュートンの宇宙は、無限に広がる絶対空間であった。

これらの自然哲学者の世界観も、やはり、彼らの生きた時代の文化や自然哲学、そして自然科学を反映している。当然のことだが。しかし、観測結果と推論や数学的モデルに根ざしたという意味では、次第に客観的な描像になってきた。ただ、宇宙全体を思い描いていた古代の宇宙観に比べると、太陽系を中心とした宇宙観は、少しせせこましくなった感じがする。

そして、今世紀初頭、アインシュタインが時間と空間と物質に関する一般相対論を築いた。これは単なる思索や推論ではなく、宇宙に関する深い洞察にもとづき、数学的な手段を使って、まったく演繹的に導かれた理論であった。ここにいたって、はじめて、すべての時間と空間と物質を含む4次元時空連続体として、宇宙を捉えることができるようになったのである。……もちろんアインシュタインといえども、時代の哲学的背景の影響を受けていたのではあろうが……。

ところで、宇宙（世界）のもともとのルーツを遡ってみれば、東洋的な宇宙観における宇宙は（そして世界も）、すべての時間と空間を含む概念だった。すなわち、「宇宙」（とか「世界」）という言葉の中には、

〝宇〟と〝界〟＝空間
〝宙〟と〝世〟＝時間

というふたつの意味が含まれているのだ（紀元前二世紀の中国の書『淮南子《えなんじ》』では、〝四方上下これを宇といい、往古来今これを宙という〟とある）。これに対して、英語で宇

宙を表すcosmosは、古代ギリシャでは調和の意味を表すので、西洋的な宇宙観では、少し違うイメージかもしれない。

すなわち、〝宇宙〟や〝世界〟とは、本来的な意味からすれば、一般相対論でいうところの「4次元時空連続体」にほかならないのだ。

宇宙という言葉の意味するところは、相対性理論の出現によって、本来の意味に還ったのかもしれない。

アインシュタインの究極の方程式

アインシュタインは一般相対論を用いて、時空と物質の関係をひとつの方程式「アインシュタイン方程式」にまとめ上げた（アインシュタインの名前を冠した式は多く、質量とエネルギーの等価性を表すアインシュタインの式とか、量子力学でのアインシュタインの関係式とか、他にもいろいろある）。まあ、まずは、ちょっとその方程式というヤツを書いてみよう。

$$R_{ik}-\frac{1}{2}g_{ik}R=\frac{8\pi G}{c^4}T_{ik}$$

R_{ik}：リーマン曲率テンソル
R：スカラー曲率
g_{ik}：計量テンソル
T_{ik}：エネルギー運動量テンソル

ここでテンソルというのは、ベクトルをもっと一般化したような、たくさんの成分をもつ物理量だが、とりあえず今は、うるさいことは抜きにしよう。

このアインシュタイン方程式の左辺は、時空の計量構造、すなわち時間や空間の曲がりなどを表している。また右辺は、物質（とエネルギー）の分布を表している。

重要なのは、このアインシュタイン方程式が、時空構造と物質という異質なモノ同士を等号で結びつけているという点だ（この異質なモノの結び合わせは、質量とエネルギーの等価性でも出てきた）。この方程式が正しければ、そして今のところ正しいことが証明されているのだが、時空構造と物質が密接に相互作用することを意味する。すなわち、**物質**

は時空の曲がりに沿って運動し、また時空の曲がり方は物質の分布によって決まってしまうのである。

これは、まさに卵が先か鶏が先か的な議論だが、似たようなことは、日常の人間関係でもよくあるではないか。たとえば、

物質＝人間

時空の曲がり＝人間関係のしがらみ

と置き換えてみると理解しやすいかもしれない。

人間（物質）同士が遠く離れていれば、その間にしがらみは生じようがない。人間（物質）がお互いに近づくと、相互作用としてしがらみ（空間の曲がりによる重力）が生じる。また一方で、そのしがらみ（空間の曲がり）によって、人間（物質）はくっついたり離れたり、はたまたつかず離れずお互いのまわりを回ったり、複雑な動きをするではないか。

宇宙原理とは何だろうか

アインシュタイン方程式は、時空の構造(左辺)と物質・エネルギーの分布(右辺)を結びつける方程式である。宇宙空間に存在するブラックホールなども、すべて、このアインシュタイン方程式から導かれる産物だ。

そして、このアインシュタイン方程式は、なんと宇宙全体に対しても適用できるのである。すなわち、もし宇宙全体の物質分布(右辺)を与えることができれば、アインシュタイン方程式から、宇宙の時空構造(左辺)を決めることができる。あるいは、逆にみれば、もし宇宙の時空構造(左辺)を決めたとすると、アインシュタイン方程式から、その構造に合うための物質の分布(右辺)がわかるのである。

具体的には、アインシュタイン自身は次のように考えた。

「一様性」の仮定:物質は、局所的にみれば星や銀河などを作ってはいるが、宇宙の右半分に偏っている、というようなことはない。物質は、宇宙全体で均してみれば、一様に分布している。

「等方性」の仮定：物質が宇宙の南北方向（そんなモノがあれば）に偏っているというようなこともない。物質の分布には方向性はなく、宇宙のどの方向をみても、物質は同じように分布している。

一見、物質が一様に分布していたら同時に等方的な感じがする。しかし、物質の分布が一様だが等方ではない場合もある。たとえば、物質が縞状に分布している場合などだ。だから、この一様性の仮定と等方性の仮定は別なものである。

この一様性の仮定と等方性の仮定は、あわせて、今日、「宇宙原理」と呼ばれているものだ。このふたつの仮定は、現在においても、宇宙論におけるごく基本的な仮定であり、また観測的にもこのふたつの仮定に反する観測事実は見つかっていない。

静かだが不安定なアインシュタインの宇宙

この宇宙原理を大前提として（そして簡単にするために、宇宙が空間的に閉じているという仮定も置いて）、アインシュタインは、ひとつの「静的」な宇宙を考案した。それがアインシュタインの「静止宇宙」である。宇宙が静的で時間的に変化しないと考えたということは、やはりアインシュタインといえども、従来の描像に捕らわれていることを示している。とはいうものの、アインシュタインが静止宇宙を提案したのは、ときに一九一七年、宇宙膨張の証拠が発見されるはるか以前のことであった。

ところが、オリジナルなアインシュタイン方程式を使って静止宇宙を作ろうとすると、それは不可能なことがわかった。というのも、物質だけが分布していれば、それらはお互いの重力によって引き合うので、じっと静止することなんてできないのだ。たとえて言えば、台の上で重たい玉（宇宙の物質）を中空に浮かせるようなもので（図10-1上段左）、どだい無理な相談なのである。考えてみれば、実に当たり前の話だ。

そこでアインシュタインが取った方法が、冒頭に書いたような、自らをして、〝生涯最大の過ち〟と呼ばせた方法だった。彼は方程式の中に、いわゆる「**宇宙項**」を導入したのである。

すなわち、力学的なイメージで言えば、中空に玉を浮かせることは無理だが、玉の下にバネを入れれば、玉が落ちないように支えることができる（図10-1上段まん中）。玉の重みでバネが縮み、適当なところで釣り合うだろう。またバネの力は縮んだ長さに比例するので、玉が重くなれば、より縮んで、適当なところで釣り合うことができる。

こうしてアインシュタインは、時空構造を表す方程式の左辺にひとつだけ項を加え、

・図10-1 静止宇宙のイメージモデル——台の上で重たい玉を空中に留まらせることはできるか？

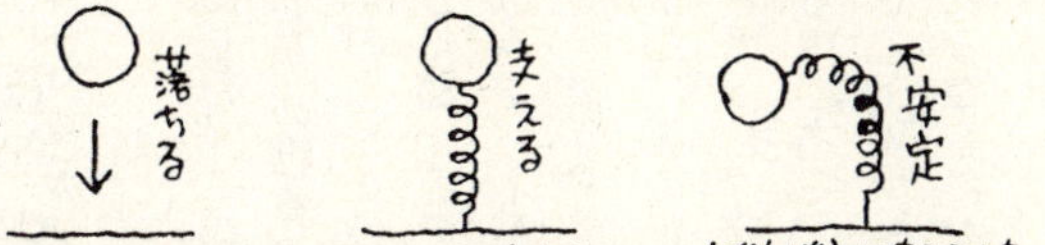

支えがなければ玉は下に落ちてしまう。

玉の下にバネを入れれば支えることができる。

しかしバネに支えられた玉は、バネがちょっと傾けば曲がってしまう。

◎ アインシュタインが考えた静止宇宙のモデルは…

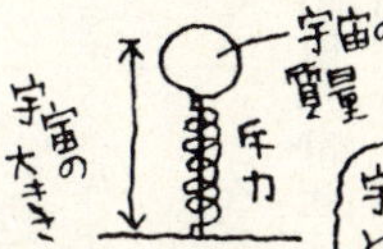

宇宙全体の物質の質量と斥力の強さ（バネ定数）がわかれば宇宙の大きさがわかるとアインシュタインは考えたのである。

・図10-2 膨張宇宙のイメージモデル

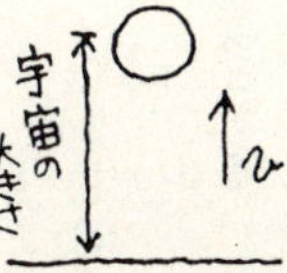

膨張宇宙は床から投げ上げられた玉のイメージ。初速が小さければ玉はやがて落下に転じ、上昇速度が脱出速度に等しければ玉は無限遠で速度0となる。そしてさらに速度が大きければ、無限遠でも玉の速度は0よりも大きい。

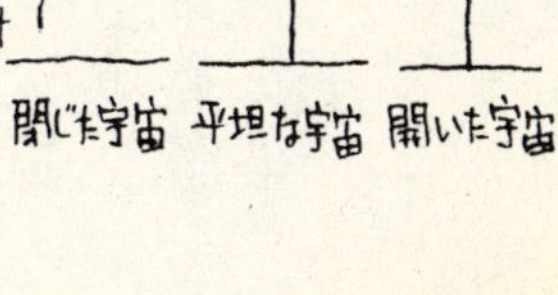

閉じた宇宙　平坦な宇宙　開いた宇宙

$$R_{ik}-\frac{1}{2}g_{ik}R+\Lambda g_{ik}=\frac{8\pi G}{c^4}T_{ik}$$

と、変形した。この付け加えた左辺の第3項が宇宙項（あるいはΛ項）である。この宇宙項は、（右辺の物質の分布ではなく）左辺の時空構造に加えられた修正で、空間の各点に縮むバネのような性質を与えるように作用するのだ。すなわち宇宙項は、距離に比例する斥力として働くのである。

玉の重みでバネが縮んで適当なところで釣り合うように、物質の重力と空間の斥力が釣り合った状態で、宇宙全体の物質が静止する（図10-1下段）。そこで静止宇宙が実現するのだ。また、玉の質量とバネの強さ（バネ定数）がわかれば、玉の釣り合う平衡位置が求められるように、宇宙全体の物質の質量と斥力の強さがわかれば、宇宙全体のサイズが求められるのである。

こうしてアインシュタインの静止宇宙の構造が得られたが、彼のモデルは数年のうちに棄却されることになる。

理由のひとつは、静止宇宙に内在する不安定性のためだ。力学的イメージの例では、バネで支えられた玉は、実は微妙な状態で釣り合っていて、バネが横にちょっと傾けば、へこっと曲がってしまうだろう（図10-1上段右）。これが不安定性である。同じようにアインシュタインの静止宇宙も、微妙な釣り合いの上でバランスを取っている状態で、もし何かの加減でちょっと縮んだりすると、そのままどーっと縮んでしまうのだ。これはモデルの理論的欠陥を意味している。

が、「静止宇宙」モデルが否定された最大の理由は、静的ではなく動的な宇宙、膨張する宇宙の解が見つかったためである。そしてさらに膨張する宇宙が、観測的にも支持されるにいたり、アインシュタインの宇宙項は完全に棄却されてしまったのである。

オルバースのパラドックス

余談だが、アインシュタインの静止宇宙は、宇宙論における長年の懸案だった「オルバースのパラドックス」も解決できない。

「オルバースのパラドックス」は、ドイツの眼科医でアマチュア天文家だったハインリッヒ・オルバースが一八二六年に提出したものである。

〝夜空は何故、暗いのだろうか？〟

オルバースがこの疑問を提出したのはニュートンの絶対空間の宇宙観が支配していた時代だったため、宇宙は無限に広がっていて、無限の過去から永遠に存在していると考えられていた。そんな宇宙に無数の星が存在しているわけである。

光の強さは距離の2乗に反比例して弱くなるので、星の光も距離の2乗に反比例して暗くなるが、(星が宇宙で一様に分布していたら) 星の数は距離の2乗に比例して増えていく。その結果、どの距離からも同じだけの光が来ることになり、宇宙が無限に広がっていれば、宇宙は星の光で満ちているはずなのだ。

あるいは、別の言い方をすれば、宇宙が無限で星に満ちているなら、宇宙のどの方向をみても、その方向に視線をずっと延ばしていくとどこかで必ず星の表面に当たることになる。そのため、どの方向をみても星の表面をみているのと同じことになり、どの方向も星の表面の明るさで輝いていることになるはずだ。

すなわち、無限宇宙では、夜空が暗いことを説明できないのである。これが「オルバースのパラドックス」だ。

アインシュタインの静止宇宙でも同じロジックが成り立つ。もし静止宇宙が永遠に続いていたなら、静止宇宙は星の光で満ちているはずで、夜空が暗いことと矛盾するのだ。

なお、今日では、オルバースのパラドックスは、宇宙が膨張していることと、宇宙の年齢が有限であることのふたつの理由によって、解決している。すなわちひとつには、宇宙が膨張しているために、星の光がいわば薄まって、遠方からの光が全体として暗くなるのである。またもうひとつには、宇宙が無限に存在しているわけではなく生まれてから100億年ぐらいしか経っていないために、宇宙に星の光が満ち溢れるには、まだ時間が足りないのである。

オルバースのパラドックスは、しばしば、前者の宇宙膨張だけで説明されることが多いが、後者の宇宙の年齢の有限性も重要な要素である。

膨張するビッグバン宇宙

われわれの住んでいる宇宙が膨張しているということは、今日では、理論的にも確立しているし、また観測的にも実証された事実である。

しかし、一般相対論にもとづいて膨張宇宙のモデルを提出したのは、アインシュタインではない。一九二二年、宇宙項のないオリジナルなアインシュタイン方程式を解いて、動的に膨張する解が存在することをはじめて示したのは、ロシア人のアレクサンドル・フリードマンだった（さらに、宇宙項がある場合についても、膨張する解があることを、一九二七年に、ベルギーのゲオルグ・ルメートルが発見している）。

ここで静止宇宙のたとえのところで出した力学的イメージを使って、膨張宇宙を表現してみよう。

静止宇宙では、玉——宇宙の実体——は（バネで支えられて）床の上に浮いていたわけだが、膨張宇宙では、床から玉を投げ上げた状態に対応している（図10‐2）。玉の高さが宇宙のサイズ（てっとりばやく言えば、宇宙の半径）に相当し、玉の上昇速度が宇宙の膨張速度に相当する。したがって、現在の膨張速度と宇宙のサイズがわかれば、宇宙の年齢もわかるわけで、宇宙の年齢がだいたい100億年のオーダーになるのは、よく知られているとおりだ。最近の研究では137億年ぐらいになった。

さて、床から玉を投げ上げたとき、その行く末は3通りに分かれる。まず初速が小さいと、上昇速度が鈍ってついには0になり、その後は落下に転じる（図10‐2下段左）。すなわち、宇宙初期の膨張速度が充分でないと、宇宙は最初は膨張していくが、いずれ膨張速度が0になり、その後は収縮に転じて、宇宙のサイズは小さくなっていく。このような宇宙は、いわゆる**「閉じた宇宙」**と呼ばれるモノである。

もし玉の上昇速度がちょうど脱出速度に等しいと、玉は無限遠まで飛んでいき、無限遠に近づくにつれ速度も0に近づく（図10‐2下段左）。すなわち、宇宙の膨張速度がある特別な値になっていると、宇宙は永遠に膨張するが、時間が経つにつれて膨張の速度は0に近づいていく。このような宇宙が、**「平坦な宇宙」**である。

さらに玉の上昇速度が（脱出速度より）大きいと、玉は無限遠に飛び去り、しかも無限遠でも速度は0より大きい（図10-2下段右）。すなわち、宇宙の膨張速度が充分に大きいと、宇宙は永遠に膨張を続け、しかも膨張速度も0になることはない。これが**「開いた宇宙」**である。

われわれの宇宙が実際どうなっているのかは、まだ議論の余地があるが、宇宙に存在する物質の観測や、また理論的な要請などから、多くの研究者は、閉じた宇宙ではなく、平坦な宇宙か開いた宇宙になっていると考えている。

ところで、宇宙が膨張しているということは、過去に遡っていけば、宇宙の大きさはどんどん小さくなっていき、また同時に、宇宙の物質の密度はどんどん大きくなり、温度もどんどん高くなるだろう。言い換えれば、**宇宙は、きわめて高温高密度の火の玉の状態からスタートして、膨張し広がって今日にいたった**と考えられる。これがジョージ・ガモフの提案した**「ビッグバン宇宙」**の骨子である。ビッグバンとは、無限に広がった絶対空間の中の一点での大爆発ではなく、空間全体で爆発が起きている、時間と空間そのものの誕生時の大爆発である。

順序が逆になったが、宇宙が膨張している観測的な証拠としては、「ハッブルの法則」や「3K宇宙背景放射」などがよく知られている。

「ハッブルの法則」は、アインシュタインの静止宇宙が提案された12年後の一九二九年に、エドウィン・ハッブルが発表したものである。彼は遠方の銀河の運動を調べ、銀河がわれわれから遠ざかる運動をしていることを発見したのだ。しかも遠い銀河ほど、距離に比例した速度で、速く遠ざかっていることがわかった。この銀河の後退運動は、まさに宇宙全体が膨張している直接的な証拠にほかならない。アインシュタインは、アメリカに行ったときに実際にハッブルの説明を聞いて、宇宙の膨張を納得したという。

また**「3K宇宙背景放射」**は、アーノ・ペンジアスとロバート・ウィルソンが一九六五年に（偶然）発見した。ガモフが言ったように、宇宙が高温高圧の火の玉からスタートしたとすると、その（光の）痕跡が残っているはずだ。もちろん宇宙が膨張するにつれて火の玉の温度は下がっていくので、光（輻射）の温度も下がってしまい、現在では絶対温度で数度ぐらいになってしまっているだろうが、残っているはずである。また宇宙全体が火の玉だったのだから、火の玉の名残も、どっかの方向にボンヤリと残っているのではなく、宇宙全体にあまねく残っているだろう。そしてまさに、ペンジアスとウィルソンが、宇宙全体にあまねく存在する、絶対温度で3Kほどの黒体輻射を発見したのである。このことは、宇宙がビッグバンで始まったという強力な証拠になった。

宇宙の未来を予想してみる

宇宙の過去が火の玉だった、ってのは、よく聞かされる話だ。では、逆に、ビッグバン宇宙の未来はどうなるのだろうか？　宇宙の未来、それも遠い未来の話は、あまり論じられることがないようだ。そこで、相対論で予想される宇宙の行く末について、ここで少し紹介しておこう。

相対論的な宇宙モデルには、先に述べたように、閉じた宇宙、平坦な宇宙、開いた宇宙の3種類がある。しかし、閉じた宇宙の可能性はあまりないと思われているので、ここでは永遠に膨張を続ける宇宙について考えてみよう（そのような宇宙の未来については、ヤマル・イスラームが一九七〇年代末にはじめて考察した）。

現在　ビッグバンによる宇宙開闢《かいびゃく》以来、100億年から150億年ほど経過している。星や銀河などさまざまな構造が形成されていて、星のまわりにはしばしば惑星が存在しており、地球のように生命を宿した惑星もあることだろう。夜空には星が輝き、われわれが出現し生きている時代、それが宇宙の現在である。

地球の未来　今から約50億年ぐらい後、太陽の中心部では水素が燃え尽き、太陽は膨張して赤色巨星になる。太陽ぐらいの質量の星が赤色巨星になると、100倍から200倍近く膨張するので、太陽は地球軌道を呑み込み、火星軌道の近くまで膨らむだろう。

赤色巨星になった太陽に呑み込まれた地球は、どろどろに溶けて蒸発してしまうのだろうか？　しかし赤色巨星の大気は非常に希薄で、実際、地球の大気よりも希薄なので、地球の受けるダメージは案外小さいかもしれない。それに太陽が膨張するにつれ、太陽の外層大気はどんどん宇宙空間に逃げてしまうので、太陽自体の質量は現在よりかなり小さくなるだろう。太陽の質量が減少するにしたがい、地球軌道は次第に外へとシフトするだろう。たとえば、もし質量放出によって太陽の質量が半減したなら、地球軌道の半径は2倍になるので、地球が呑み込まれることはないかもしれない。

銀河系の未来　われわれの太陽を含む銀河系は、約2000億個の星やガスからなる集まりだが、銀河系の近く（近くといっても数百万光年ぐらいの距離）には、大小マゼラン雲やアンドロメダ銀河など20個ほどの銀河が存在している。このような銀河集団——小さいものは銀河群、大きなものは銀河団と呼ばれるが——の中では、銀河同士の衝突や合体がときおり起こる。実際、アンドロメダ銀河はわれわれの銀河系に近づいてきており、約60億年後ぐらいに、銀河系に衝突するだろう。銀河同士が衝突しても、(星々の間隔が非常にまばらなので)星々が直接衝突することはないが、全体の重力場は引き合うために、合体してしまうことがある。何百億年か経つうちに、銀河系を含む20個ほどの銀河群全体が合体して、ひとつの大集団に変貌してしまうだろう。他の銀河団も同じような運命をたどるだろう。

星々の未来　銀河団が合体しても星は基本的には影響を受けないが、星にも寿命がある。重い星だと数百万年、太陽ぐらいの星だと約100億年、核融合を起こせるもっとも軽い星(太陽の質量の8%)でさえ、10兆年(10の13乗年)かそこらだ。ま、もちろん、星の原材料である星間ガスが残っている間は、新しい星の誕生もあるが、やがてはガスも枯渇し、新しい星も生まれなくなる。おそらく10兆年から100兆年ぐらいの未来、最後の星の光が消え、宇宙には闇のとばりが降りるだろう。

最後の星の火が消えた段階で、宇宙の実質は、惑星、(太陽の8%の質量よりも軽すぎて核融合の火を灯せなかった）褐色矮星、白色矮星、中性子星、ブラックホール、少量の希薄なガスや塵《ちり》などの物質（これらはすべて通常の物質でバリオンと呼ばれる）と、ニュートリノその他のバリオン以外の素粒子、そしてかなり大量の光子である。光子のエネルギーはとても低いのでほぼ暗黒の宇宙だが、重力相互作用は残っているし、何の変化もないわけではない。

物質の未来　銀河の星がほとんど白色矮星（やその他のコンパクト星）になって、もはや光らない暗黒銀河になってしまっても、ニュートンの万有引力によって支配された力学的変化は続いている。暗黒銀河同士の合体も続き、かつて銀河団が存在していた領域には、超巨大暗黒銀河が出現しているだろう。また現在でも、銀河の中心には、太陽の1億倍もの質量をもつ超巨大なブラックホールが存在しているが、超巨大暗黒銀河の中心には、もっととてつもない大きさのブラックホールができているかもしれない。

ところで、普通の星の火が消えたこのような暗黒宇宙でも、たまに輝きが現れないでもない。たとえば、褐色矮星や白色矮星が衝突すると、衝突のエネルギーを解放して一瞬光ったり、質量の具合がよければ、新たな星として核融合の火を灯すこともあり得る。一気に超新星爆発にいたることもあるやもしれない。中性子星に他の暗い天体が衝突して、γ

線爆発を起こすこともあるだろう。ブラックホールの近くで他の暗い天体が引き裂かれ、高熱のガスとなって（ブラックホールに吸い込まれる前に）断末魔の叫びをあげることもある。

これらは、10の20乗年とか10の30乗年とか、たいそう長い時期の物語になる。そして、10の37乗年ぐらいのはるかな未来に、あらゆる物質の大もとである陽子が崩壊すると考えられている。一般相対論と量子力学が融合すれば話は変わるのかもしれないが、少なくとも、現在の素粒子物理学は、そう予言している。陽子が崩壊して、通常の物質、いわゆるバリオン物質は存在しなくなる。

ブラックホールの未来　陽子崩壊後の宇宙に残された最後の天体は、大小さまざまな大きさの無数のブラックホールである。ブラックホール以外にも、陽子崩壊前から存在していた少量のガスや光子やニュートリノ、そして陽子崩壊で生じた、陽電子、ニュートリノ、パイ中間子、光子などが存在しているだろう。しかし、ブラックホールも、はるかな未来には蒸発する運命にある。

ブラックホールの蒸発時間は、ブラックホールの質量の3乗に比例して長くなる。たとえば、太陽質量のブラックホールは、約10の65乗年で蒸発するが、太陽の100万倍の質量のブラックホールだと蒸発するまでに10の83乗年ぐらいかかり、銀河の中心に存在する太陽の1億倍くらいの超巨大なブラックホールではなんと10の100乗年以上もかかるだろう。10の100乗年といえば、われわれにとっては永遠と同じようなものかもしれないが、それでも有限の未来に、すべてのブラックホールは蒸発してしまうのである。ブラックホールが蒸発してしまった後には、宇宙の膨張によって極度に赤方偏移しエネルギーの低くなった光子、ニュートリノ、電子と陽電子などが、栄華をきわめた過去の宇宙の亡霊のように漂っていることだろう。

現代の創世神話

かつてニュートンは、万有引力によって地上界と天上界の力のルールを統一した。しかし、ニュートンの宇宙は、あくまでも絶対時間と絶対空間の支配する、静止した宇宙であった。ニュートンの神の世界は、死んだ世界だったのである（そういう意味では、アインシュタイン自身の提案した静止宇宙も死んだ世界であった）。

しかし、アインシュタインの一般相対論からは、まったく異なる宇宙、ダイナミックに変化する宇宙が飛び出してきたのだ。そこは、生きていて進化する世界である。

また、相対論以前の、古代から近代までの宇宙観では、宇宙は混沌たるカオスから始まり、現在の調和に満ちたコスモスへ変化してきた、というイメージが強い。しかし、相対論以後、現代の宇宙観では、むしろ逆のイメージがある。すなわち光に満ちたビッグバンで始まる宇宙の最初は（何の構造もないという意味で）むしろ整然としたコスモスであり、その後、銀河や星や惑星や生命にいたるまで、さまざまな構造形成が起こって、現在の、複雑なカオス状態へと変化してきたのである。

相対論以前と相対論以後では、宇宙に対する見方はコペルニクス的転回に匹敵するぐらいの大転換をしたのである。

そしてアインシュタインの相対論と量子力学の手助けを借りれば、今日われわれは、10の100乗年先の未来まで予想できるのである。これは、北欧神話でいう神々の黄昏ラグナロクよりも、キリスト教などでいう神と悪魔の最終戦争ハルマゲドンよりも、そして仏教でいう弥勒の救済よりも、おそらくはもっともっとはるかな未来だろう。そのようなはるかな未来に、生命や、あるいはもっと単純に、何らかの情報は、存在し続けることができるのだろうか？　未来を語る現代の神話が欲しいものである。これもアインシュタインの残した宿題のひとつだろう。

「世界について最も理解できないことは、
世界が理解できるということだ。」（＊2）

subject 11

アインシュタインの夢——世界の法則の統一と理解

観察こそ統一の第一歩だ
物理的宇宙のルールをだなあ…
宇宙研究会
わかりやすく説明してください
定例会
では「モテる男」でたとえてみよう
A子が好きなA男
中肉 背やゝ高め
単純だがいいやつ
カラオケがやたらうまい
B子が好きなB彦
スポーツマンタイプ
頼りがいのある感じ
趣味＝カラオケ
ふーむ

C美が
好きな
C太
やせがた
髪はサラサラ
頭がいいらしい
カラオケマイクにぎったら
はなさない
なるほど
これらの観察結果からわかることは?
キーワードはカラオケですね!
もてるためにはカラオケか!
すると宇宙もカラオケ!?
早速練習だ
きみたちきみたち

物理的な世界のルールを理解する

物理学の発展を振り返ってみると、多種多様な法則を〝統一〟する歩みであったとも言える。

ニュートンは、ガリレオ以来のさまざまな運動の法則を集約した。また月とリンゴに象徴されるように、地上で働く力と天界で働く力を、万有引力の法則として一本化した。

その一方で、マクスウェルは、それまでバラバラだった電気の法則と磁気の法則を、電磁気学として統合した。

そしてアインシュタインにより、まず運動の法則と電磁気学の法則が特殊相対論として統一され、同時にその舞台である時間と空間も時空間に統一された。さらにアインシュタインは、万有引力の法則を時空間の幾何学に織り込み、一般相対論へまとめ上げた。一般相対論では、時空と物質が統一されたのである。

こうして、世界の仕組みと世界を支配する物理法則が、次第に明らかになってきた。

このように物理法則を統一していくことが、いったいどういうことなのか、どんな意味があるのかを、日常のゲームなどに対比させて、少し検討してみよう。

最初に、屋外のスポーツを思い浮かべて欲しい。野球をまったく知らない人が、TVで巨人阪神戦をみても、わけがわからないだろうし全然面白くないだろう。しかし、多くの試合を観戦（観察）するうちに、まずは投げたボールを打つこととか、打ったら走るとか、ぐるっと一回りしたら1点入ることとか、ときどき9人の人間が入れ替わることとか、次第にルールがわかっていくだろう……これはちょうど、ガリレオが多くの実験をして、地上の重力場では、重い玉も軽い玉も同じように落ちることを見出《みいだ》したような状態である。

一方、サッカーを知らない人が、サッカーの試合を観戦（観察）して、次第にルールを見出していくこともあるだろう……これはちょうど、ケプラーが天体の運行の法則を見出したようなものか。

ルールがわかると、野球もサッカーも面白くなるだろうし、そしてまた試合の流れなども読めるようになる。同じように、落体の法則や天体の運行の法則がわかってくると、より自然が面白くなり、また将来の予想がつくようになるわけだ。

さらに、野球やサッカーや相撲など、それぞれでは個別のスポーツ競技が、共に多くの人をエキサイトさせるのは、そこに、ある共通の基盤、共通の基本ルールがあるからだ、という視点も生まれてくるだろう。すなわち、それらは、基本的には、2つ（複数）のグループに分かれて、お互いに勝敗を競うゲームなのである。……このような認識こそが統一の第一歩だ。これはつまり、ガリレオの見出した地上の落体の法則とケプラーの見出した天界の法則の基盤に、万有引力の法則という共通のルールがあることがわかったようなものなのである。

ひるがえって、今度は室内ゲームに目を向けてみよう。ずっと昔から、トランプや麻雀その他、多くの室内遊戯（やボードゲーム）が発達してきた。……これらを、ガリレオ以来ニュートンで集約されるまでの物体の運動の法則としようか。

それらの室内ゲームに対し、最近では、いわゆるTVゲームが大流行だ。TVゲームは、最初のころは、RPGとかアクションとかシミュレーションとかアドベンチャーとか、いろいろなジャンルに分かれていた。アクションとかRPGは別物と思っていたら、最近は、アクションRPGなんて合体をしている。……そう、別物と思われていた電気と磁気が、マクスウェルによって電磁気学に合体したようなもんだ。

さて、このへんで、相対論の立場というか、位置づけが出てくる。やや強引かもしれないが、いくつか割り当ててみよう。

まず特殊相対論。今や、トランプも麻雀も、旧来の室内ゲームは、すべてTVゲームになっている。そのキーワードはバーチャルだろうか。……このように、あらゆる室内ゲームがコンピュータゲームになってしまったことには、ニュートンの運動の法則とマクスウエルの電磁気学を統合した特殊相対論が当てはまる。キーワードは、もちろん、光速度不変である。

そして一般相対論。頭を働かせるTVゲームと身体を動かすスポーツ競技は、慣性系の運動と重力の関係のように、かなり異質なものである。が、アドレナリンを分泌し興奮させる、人間の本能や原初の感覚に訴える、というような点で、共通の基盤がある。〝能力や技能を競う〟という意味でゲームなのである。……こうやってひとくくりしたゲームはまさに、世界の枠組みをなす一般相対論に相当するものだ。おまけに、ゲームは、勝つか負けるか引き分けるか、いずれにせよ、ある結果が明白に出る。確定的という意味では、一般相対論もゲームも古典的なものである。

ところで、人間の楽しみや娯楽は、ゲーム以外にもいろいろある。たとえば音楽。好きなアーティストの曲を聴くと心地よいものだ。あるいは絵や画像。美しい絵は心を潤す。

さらには小説やコミックや映画。よく練った物語は心をドキドキさせる。しかし、そこには、ゲームの勝ち負けのような確定的なものはない。たしかに、五感に訴えるとか、気持ちいいとかというルールはあるようだが、かなり曖昧《あいまい》で漠然としたルールだ。……これは量子力学の不確定性原理に似ている。

ゲームとそれ以外の娯楽とは、ひとくくりにできないのだろうか？　ちょうど、一般相対論と量子力学の統合がいまだ成功していないように。キーワードは、共に、刺激と感動、だろうか？

このように考えてくると、**物理的世界の統一とは、物理的な世界を支配するルールの共通化にほかならない**。あるいは、アインシュタインの言葉にもあるように、**最小のルールであらゆる事象を説明できるようにする**ことである。

また物理的世界を理解するということは、たしかに、アインシュタインの言うとおり、〝理解できる〟ということ自体が不思議だが、何というか、とても気持ちいいことである。あの、あっそうか！　と胸オチした瞬間の爽やかなこと、限りないものがある。このような理解の本質は、数式ではないと思う。もちろん、具体的な値を計算するためには数式が必要だが、世界のルールの本質は、数式によらない直感的なもの、感性的なものではなかろうか。

そしてまた理解するということは、スポーツやゲームなどの例でもわかるように、より感情移入し、さらには具体的に参加するということでもある。ぼくたちは、好むと好まないとにかかわらず、自覚しているいないにかかわらず、生まれたときから強制的に、この物理的世界の一員なのである。その世界を知らずに、その世界に加わらずにいるのは、あまりにもモッタイナイ。ゲームは、ただみているだけよりは、自分が参加した方が圧倒的に面白いのだ。物理的世界を理解するということは、物理的世界に自主的積極的に参加することにほかならないのである。

人間的な世界を理解する

「平和は誰かから与えられるものではありません」

一九九八年の夏に公開されたSFアニメ『新機動戦記ガンダムW Endless Waltz 特別篇』で、リリーナ・ピースクラフトが喋《しゃべ》った言葉だ（ちなみに、久しぶりに劇場でガンダムをみたが、ちょっとだけ熱くなった。でも、小中学生ばかりかと思っていたら、子供はむしろ少なくて、高校生とか大学生ぐらいの年齢層が多かったのは少し意外だった。また女の子同士も多かった。なかなか意外)。

アインシュタインは博愛精神に満ちた平和な世界を望んだ、のだと思うが、その平和は、場合によっては勝ち取らなければならないものだ、という立場だった。それが〝戦闘的平和主義〟である。ぼくがアインシュタインの戦闘的平和主義という言葉に触れたのは、高校の図書室でだったが、今でも鮮烈な想いが残っている。

環境へ介入し、まわりの世界を自分にとって住み易いものに変えていく。同類のため、あるいは自分自身のために、テリトリーを広げ、支配していく。ただ単に、相手に打ち勝ちたいという闘争心にもとづいて行動する。

こういった行動様式はおそらく、人間の、というより、生命の本質に根ざしたモノで、またおそらく進化のひとつの原動力でもあるモノだろう。だから、人間が人間である限り、やっぱ、どう頑張っても、争いとか戦争はなくならないような気もする。イデオロギーや宗教の違いにもとづく争いも、差別(性差別、人種差別、民族差別)からくる争いも、根絶するのは難しいだろう。

一方で、進化の原動力かもしれないが、自己保存、種の保存・維持という生物学的な目的にとって争いは困ったことである(争いや戦争は悪いことだ、といった倫理的・哲学的な問題はさておき)。たしかに短期的には敵を倒すという戦略が必要なことかもしれないが、長期的な戦略としては敵と協調（協力）するのが正しい方法なのだ。

だから、ほんとにあるかどうか知らんが、理性と呼ばれるモノを働かせれば、なんらかの形で妥協して共存をはからないといけない。どこかでバランスを取らないとならないのである。

まぁ、戦争とか国家とか、おっきなものを考えるのはどうも手に余るし、ごく身の回りの人間関係に目を向けてみよう。すると、そこにも、実に多くの関係が存在する。愛情と憎しみ、理解と誤解、尊敬と軽蔑、憧れと羨望、注目と無視……多くの感情が渦巻いている。

ぼくたちは、無意識のうちに、ひとつひとつの感情を選《よ》り分け、育てたり忘れたり、拘泥したり避けたりしながら、日々を過ごしているわけだ。

たった一人の人間をある程度でも理解する（理解したつもりになる）のでさえ、ずいぶんと大変なことだ。ときには、何年もかかる。人間もその一部である自然と同じように、見かけどおりとは限らないし、また環境（とくに他の人間）と相互作用をして、つねに変化していくモノだから。

しかし自然でも人間でも、相手を理解しようとしたら、基本的な方法は同じであろう。

すなわち、まず相手に関する情報を仕入れなければならない。それも、二次情報ではなく一次情報が重要である。というのも、よそから入ってくる二次情報（噂）は、あてにならないことが多いからだ。よくても相当脚色されているし、悪くしたらまったく反対のことさえある（しかし、噂に振り回されるのも、また人間だが）。あるいは、書いたものやインタビューなども、ときとしてあてにならない。この本を読んで、ぼく（福江　純）を理解できるかといえば、まぁ、そのある切り口はみえるかもしれないが、たぶん、実物はまったく違うだろう。公的な場所では、それなりの役を演じている、すなわちロールプレイをしているからだ（最近では公的にも自分をさらけ出しつつあるのが、怖いが）。

結局は、相手を理解するためには相手の行動や仕草を観たり、相手とたくさん話し合ったりといった、一次的直接的な相互作用が必要になる。だから、ときとして、時間もかかる。しかしやがて、相手の言動のルール（尺度、価値観）を発見することによって、お互いの理解が進み、共通の認識をもつようになり、いわゆるウマが合う状態、すなわち統一へといたるのであろう。

こう考えてくると、人間関係の理解や統一も、自然界・物理的世界の理解とよく似ているようだ。もっともひとつだけ、根本的に異なる点がある。それは、価値観の多様性というか、人間界ではルール（尺度・価値観）が無数にあることだ。人間関係の破綻の多くは、片方または双方が、相手のルール（多様性）を無視した（ないがしろにした）ために生じるモノだと思われる。だから、いわゆるウマが合う・価値観が同じ、というのだって、本当は、近似的にしか合っていないはずである（よく言われる、夫婦の阿吽《あうん》の呼吸などというヤツだって、何十年もかけて、情報をやり取りし、お互いに変化してルールを変えて、近似的に近くなったものだと考えられる）。……しかし、人間はかくも多様で複雑なのだから、たとえ近似的にさえ、ルール（尺度）が近い人間に出会うこと、相手を多少なりとも理解できることは、それだけで充分に一つの奇跡だといえる。もし一生のうちに一度でも、そういう相手に巡り会えたとしたら、それはアインシュタインが相対論に巡り会ったのと同じくらい、すごいことなのかもしれない。

難しく考えすぎかな？

ところで一九九八年は、隕石映画が目白押しだった。たとえば、夏に公開された『ディープ・インパクト』を九月も中旬になってからみに行った。やはり天文やSFで飲み代を稼いでる人間としては、みておくのも仕事のうちかと思った次第である。前評判はいろいろ聞いていたけど、結末は知らなかったので、結構（かなり）感動だった。たしかに、（天文の）〝専門家〟としては言いたいことは山ほどあるし、別な立場の（ＳＦの）〝専門家〟としても言いたいことは海ほどあるし、物語のロジックというか整合性でも気になるとこはたくさんあった。でも、ヒロインのレポーターが同僚の母子をヘリコプターに押し込んだシーンと、彗星破壊用の核爆弾を積んだメサイアが大彗星に向かってカミカゼ特攻するときと、最後の大統領の演説のとこで、（大のオッサンが）３回も泣いてしまった（笑）。もう、こりゃ、全部ＯＫっちゅうしかないだろう（肝心のＩＬＭのＣＧシーンがゆっくりみられなかった。ビデオも欲しい）。

一方の『アルマゲドン』だが、こっちは冬休み直前にみに行ってきた。彗星によって軌道をかき乱された小惑星が、地球への衝突軌道に乗ってしまう。それに対し、石油採掘のプロであるハリー（ブルース・ウィリス）らが、小惑星の地盤に穴を掘り、その底で核爆発を起こしてアステロイドを内部から破壊分割するっちゅうハジケた話である。しかし！

〝こいつはハンパじゃネェ!!〟

しょっぱなの、流星シャワーでニューヨークがぼこぼこになる映像をみたときに思った感想だ。とにかく、テンポが超快適だし、絵（ＣＧとミニチュアの区別がつかない）も凄《すご》いし、前半なんてメチャ笑えるし（シビアなシーンで超オフザケなのはとても好き！）、とにかくエンターテインメントに徹している。天体を海に落として津波を起こさせた『ディープ・インパクト』に対し、こちらは都市にバンバン落としてくれて、派手なシーンを演出している。とくにパリの潰滅《かいめつ》シーンは凄かった。そして、映画作りの定石どおりの展開とはいえ、泣かせるツボもはまっている。最後の30分は、息をもつかせぬ展開。そしてお約束の交代劇、これってなぁ、ほんと定石なのに。そう、ちょっとスレた人間なら、ハリーと若いAJのどっちかが犠牲になるのは最初から予想がつくし、とくに最後の段階でハリーがAJと交代するのは、誰でもわかったろう（ここは相手を殴って気絶させエアロックに放り込むのが黄金のパターン）。でもでも、その展開がわかってても、泣かされてしまう。もー、涙ボロボロ。

天体衝突という同じ素材《ネタ》を扱っても、レシピと味付けによって、これだけいろいろな料理ができる点が、映画《ソフト》の凄いところかもしれない。

しかし、何て言うか、こういう〝インパクト〟のある映画を見せられると、〝理解〟って、といろいろ悩んでいたのが、何だか、どーでもいい感じに思えてくる。

理解し合えるときも、理解し合えないときもあるけど、やっぱり、一所懸命に生きるしかないんだなと思う。そりゃ、一所懸命やったって、思いどおりにならないことの方が多いけど、たくさん努力して少しだけ変わる、たくさん話して少しずつ理解できる。

人間ってそんなもんじゃなかろうか。

答えのない宿題

さて、本書では、アインシュタインの言葉をキーワードにして、いろいろな宿題や周辺の話題を考えてきた。ところで、学校の先生の出す宿題はもちろん、教科書や問題集の問題など、**いわゆる一般的な〝宿題（問題）〟には、必ず答えが、それも「正解」が存在する。**では、アインシュタインの残した宿題にも、答え・正解はあるのだろうか？

否！

自然や宇宙の投げかける問題には、正答は存在しないし、そもそも問題自体が自然の表象の背後に隠されている（これこそがアインシュタインをして、「神は老獪だが、悪意はない」と言わしめたわけである）。だからこそ、ぼくたちは、まず表に現れた現象の中から問題を探し出し、そしてさらにその答えを見出さなければならないのだ。運良く答えが見つかればまだしも、場合によっては見つからないこともあるし、逆にいくつもの「正解」が見つかる場合さえある。アインシュタインも、類《たぐ》い希《まれ》なる能力でもって、どでかい問題を発掘し、解き明かし、そして解ききれなかったモノを宿題として残したのである。

人間関係についてもしかり。そこには正しい解答もマニュアルも存在しない。だからこそ、こんなに苦労するわけである。いくら悪意はないとはいっても、ときには神様を恨みたくもなる。

しかし、少し考えてみて欲しい。たしかに、解答集やマニュアルの整備された世界は、心安らかではある。次に何が起こるか何をしたらいいかがわかるので、何の心配もいらない。でも、すべてが決まっているなんて、そんなツマラナイこともないだろう。スポーツやゲームのたとえで言えば、いわば、〝八百長試合〟や〝イカサマばくち〟や〝攻略本〟のようなもんだ。そいつは邪道！　だ。

やはりゲームは正攻法でいかなくっちゃ。次の扉を開けたら何が出てくるんだろう？　どっちのボタンを押したら生き残れるんだろう？　正しい答えを模索しながら、手探りでも一歩一歩前へ進んでいくほうが、一瞬一瞬がスリルに満ちて、ドキドキワクワクの連続だ。ちょうどサバイバルホラーのように。人間社会を含めた自然に、正面から立ち向かってこそ、生きているという実感のある世界になるのではないだろうか？

間違いや失敗を恐れずにその一歩を踏み出し、一度しかない人生を生き抜きたいものである。いつの日かきっと、自分の歩いてきた道が、自分にとって〝相対的に〟正しい答えになっているだろう。

おわりに

メイキング・オブ……

以前に『やさしいアンドロイドの作り方』でお世話になった大和書房の長谷部智恵さんから手紙をいただいたのが、一九九六年の十月だったから、もう4年も前になる。何度か手紙をやり取りするうちに、アインシュタインの言葉を冒頭にあげて、それにまつわるエピソードなども示しながら、アインシュタインの研究や考えを、とくに相対論的な宇宙像を中心に紹介する、というような本書の主題が定まっていった。

もちろん、正直言って、少し躊躇《ちゅうちょ》したのは事実だ。〃はじめに〃でも書いたように、世に、いわゆる〃アインシュタイン本〃は、たくさん出ている。ほんとに腐るほどある。果たして、ぼくが書いて何か新しい貢献ができるもんだろうか？

悩んだけど、3つの理由から引き受けることにした（女性から頼まれると断れない、というのは別にして）。ひとつは、言葉をキーワードにして、というのは、なかなか面白い切り口だと感じたためだ。そして、さまざまな形やメディアを通して、相対論のほんとに不思議で面白い世界を、少しでも伝えたいからだ。

またひとつは、たしかに〝アインシュタイン本〟はたくさんあるが、そして良書も少なくないが、一方で、〝アインシュタインは間違っている〟という類《たぐい》の困った本も少なからず出ているということだ。いや、相対論も含め、世の中の権威に楯突くのは別に悪いことではない。実際、相対論は完全な理論ではないし（なーんて書くと、ほら専門家も言ってるでしょなんて使われるんだけど）、いずれはより優れた統一理論に置き換えられるだろう。ただ〝アインシュタインは間違っている〟といった類の本、いわゆるトンデモ本は、まぁ、その、はい、論外で、まさに笑っちゃうしかない。というわけで、一冊でも〝正統的（笑）〟アインシュタイン本を増やそうかなと思った。

3つ目には、ぼく自身が、どうもシニカルでエキセントリックな人間らしい。ので、斯《し》界《かい》の権威の著された、また監修されたアインシュタイン本とは、また少し趣の異なる本に仕上がるかもしれないと思ったからである。まぁ、実際、どういう本になったやら。

とまぁ、以上のような経緯で引き受けはしたが、その後、一九九七年の一年間は、数人の人と執筆していた英文の専門書と、うちの卒業生が中心になって制作していた天文教育用マルチメディアCD-ROMソフトにかかりっきりになることがわかっていたので、構成を練るだけで終わってしまった。で、一九九八年の春から夏にかけて第一稿を書き、その後改訂を進め、また、コミックの導入部分などが入ることになった。いろいろいじってみたが、力が足りずに長谷部さんのユニークな企画を活《い》かしきれていない部分があるとすれば、それは著者の責任である。

スペシャルサンクス to……

さて、いろいろな人に感謝しないといけないのだが……歳取ると感謝する人がだんだん増えてくる……まずは、いつも、ワガママな著者につき合ってくれる学生や卒業生や業界のみなさんに感謝したい。すべてがパラレルに進む怒濤のような忙しさの中で何とか執筆を終えられたのも、みんなが遊んでくれたおかげかもしれない。

BGMは、相変わらず、アニメとポップスが中心。執筆中によく聞いていたのは、ZARD、J&M、久しぶりのサザン。改訂中はSPEED。再改訂のときは、林檎に復活J&M。

気分転換に、『バイオハザード2』『Final DOOM』『トゥームレイダー2』『銃夢(GUNNM)』『サクラ大戦2』(一九九八)、『幻想水滸伝2』『サイレントヒル』『トゥームレイダー3』『パラサイト・イヴ』『バイオハザード3』『クーデルカ』(一九九九)、『パラサイト・イヴ2』『カウントダウンヴァンパイヤーズ』（二〇〇〇）などにも、大変お世話になった。

各章最初のコミックとわかりやすい図版のおかげで、本書はずいぶん受け入れやすくなったと思う。忙しい中、無理をお願いしたモリナガ・ヨウさんには、深くお礼申し上げたい。

また最後になったが、本書の企画を立てられた大和書房の長谷部智恵さんには、とくに感謝したい。

そしてまたもちろん、本書を手に取られた読者の方々には最大級の感謝をしたい。

「主なる神は老獪《ろうかい》だが、意地悪じゃない。」

何となく人生にも当てはまりそうな気がする、今日、この頃……。

二〇〇〇年　サクラ満開　京都北白川にて

福江　純

二〇〇〇年八月　大和書房刊

文庫版あとがき

自宅近くにはあまり大きな本屋がないので、ときどき河原町まで出かけていって、ブックファーストなどの大型書店へ行く。本好きの人はたいていそうだと思うが、行きつけの書店でのマイ順路はだいたい決まっているものである。ぼくの場合、ブックファーストの入り口を入ると、まずは単行本新刊や単行本の書棚を見て、つぎに、文庫・新書の新刊のコーナーへ進み、つづいて文庫や新書の書棚を眺めて回る。時間があるときは、ここまでで30分ぐらいかけ、時間がないときは新刊だけ3分ぐらいでチェックする。その後、箸休めに、コミックのコーナーや映画やイロモノの本をついばむ。コースの最後は、店の一番奥まった場所にある科学書のコーナーだ。時間がないときは、やはり新刊科学書だけ2分でチェックするが、時間があれば、一般科学書・天文関係・物理関係・コンピュータ関係など、30分ぐらいかけてゆっくり手にとって見て回る。歴史書や旅行書や雑誌あたりをデザートに巡回は終わる。

そして、少ないときでも1、2冊、多いときには両手に10冊以上の本をかかえて、レジへ向かうことになる。まったくもって模範的なお客さんでお得意様だが、それで表彰されたこともないし割引券をもらったこともない。というのも、やっぱり原因はあれかなぁ。科学書のコーナーには、まぁ、自分の本もチラホラあったりするわけだが、科学書を見て回るついでに、自分の本の背表紙をちょっと引き出してみたり、平積みをちょっと整えてみたり、ディスプレーを少し工夫して目立つようにしてあげるわけだ。あれが見られてるのかなぁ。

こうやって見て回っていると、本のサイクルが早いのがよくわかるし、科学書のサイクルはさらに早く、とくに自分の本のサイクルはものすごく早いような気がする（笑）。出版直後は一瞬でかい顔して平積みされていても、そのつぎに行ったときには、背表紙だけを寂しげにみせていたりする。そんな中で、本書の元本、大和書房『アインシュタインの宿題』は、平積みの期間が比較的長かったのを覚えている。アインシュタイン関連の本は結構出される中で、なかなか健闘してくれた一冊なのだ。今回文庫化されることになって、また違うスタイルで別のコーナーにお目見えすることになり、本書もぼく以上によろこんでくれていると思う。

でも、今回、ゲラを読み返してみて、ちょっと驚いた。本書を最初に執筆したのはほんの5年くらい前にすぎないのに、だいぶ忘れていたのだ（笑）。えっ、こんなこと書いたっけ、ちょっとわざとらしいかなぁ、なんだか恥ずかしい文章だなぁ、などなどの連続だった。書いた本人が忘れているくらいだから、数年前に大和書房版を購入された方も、今回の文庫版を読まれたらまた新たな発見があるかもしれない（爆）。ま、それはともかく、気軽に手にしていただければ幸いである。

この場を借りて、本書のお世話をしていただいた小畑英明さんをはじめとして、関係者の皆さんにお礼申し上げたい。もちろん本書をお買い上げいただいた皆さん、ありがとうございました。

二〇〇三年　七月　京都吉田山麓にて

福江　純

参考文献

各章の扉ページ等に示したアインシュタインの言葉は、以下の本の中から引用させていただいた。どの本も、アインシュタインとその思想を知るための格好の本である。興味のある方にはご一読をおすすめしたい。

＊1　アリス・カラプリス編『アインシュタインは語る』（林　一／訳）大月書店（一九九七）

＊2　ジェリー・メイヤー、ジョン・P・ホームズ編『アインシュタイン150の言葉』（ディスカヴァー21編集部訳）ディスカヴァー21（一九九七）

＊3　金子　務『アインシュタイン劇場』青土社（一九九六）

知恵の森文庫

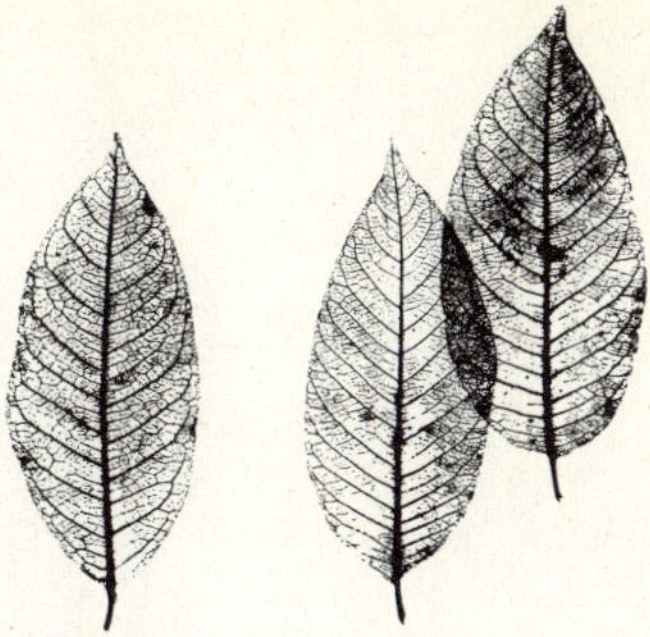

アインシュタインの宿題《しゅくだい》

福江《ふくえ》 純《じゅん》

2003年9月15日 初版1刷発行

発行者―加藤寛一
印刷所―堀内印刷
製本所―ナショナル製本
発行所―株式会社光文社
〒112-8011 東京都文京区音羽1-16-6
電話 編集部(03)5395-8282
販売部(03)5395-8114
業務部(03)5395-8125
振替 00160-3-115347

落丁本・乱丁本は業務部でお取替えいたします。
ISBN4-334-78239-6 Printed in Japan

お願い

この本をお読みになって、どんな感想をもたれましたか。「読後の感想」を編集部あてに、お送りください。また最近では、どんな本をお読みになりましたか。これから、どういう本をご希望ですか。どの本にも誤植がないようにつとめておりますが、もしお気づきの点がございましたら、お教えください。ご職業、ご年齢などもお書きそえいただければ幸いです。

東京都文京区音羽一・一六・六
（〒112-8011）
光文社〈知恵の森文庫〉編集部
e-mail:chie@kobunsha.com